简明自然科学向导丛书

生态与生物多样性

主 编　林育真　赵彦修

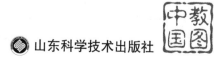

山东科学技术出版社

主　编　林育真　赵彦修

编　委　(以姓氏笔画为序)

　　　　付荣恕　林育真　赵彦修　曹道平

　　　　樊守金

制　图　吕　涵

前言

　　生物与环境的相互关系是生态学研究的核心,生物多样性是生态环境优劣的反映,保护生物多样性就是保护人类自己。

　　随着世界人口的增长和对资源需求的与日俱增,环境、资源、人口等重大社会问题日益突出,在研究解决这些危及人类及各种生物生存的重大问题的过程中,生态知识、生态原理及其应用得到了普遍的重视和广泛的普及,"生态观点""生态工程""生态危机"等有关生态的词汇已经成为社会日常生活用语,促使生态学基本原理在各个领域得到认同和应用,生态学发展成为生物学中众所瞩目的前沿学科之一,成为一门理论成熟、应用性强、多学科交叉的综合性基础学科。

　　现实的情况是,在一些国家和地区,环境污染、生态破坏、资源衰竭、江河干涸、能源危机、生物物种濒危甚至灭绝、生物多样性下降以及人类生存环境恶化的趋势,仍未得到有效的遏制。因此,生态教育的普及与深入依然迫切,生态环境的保护与建设任重道远。

　　宣传普及生态知识,进行环境保护教育,是每一位生态工作者义不容辞的责任。本书作者旨在普及生态学基础知识和基本原理,全书包括生物与环境和生物多样性及其保护两大部分。前一部分属于基础生态学,涵盖个体与群体生态,综合动物和植物生态,主要内容有生物与环境关系的基本规律、环境塑造生物、生物改变环境、生物群落与群落生态以及生态系统生态学。后一部分属于应用生态学的分支,主要内容有生物多样性概述、全球生物多样性、中国生物多样性、生物多样性受危原因以及生物多样性保护等。

作为一本科普书,作者首先着重阐述生态学入门知识,然后循序渐进、简明扼要地介绍普通生态学的四大分支,即个体生态学、种群生态学、群落生态学和生态系统生态学,使初学者能够读得懂、有所获益。为使科学性与趣味性兼备,本书编者努力追求以下特点:一是基础性,力求把生态学的基础理论、基本知识与研究方法介绍给读者,深入浅出、概念明确,使学习者能够较快掌握生态学的规律和内涵,对生态学有个系统的了解,对现实的生态问题有正确的判断。二是新颖性,也即创新性,科普书同样要求掌握新内容、运用新材料,反映国内外有关生态学科的重点、焦点问题,书中所举生态及多样性实例要求具有典型性和指导性,并注意结合我国国情。三是文字通顺流畅,配以必要的附图附表,以增强可读性。

尽管作者付出了努力,由于生态学内容延伸广泛、时空性强,同时限于我们本身的水平,书中难免存在错误及不足之处,希望读者给予批评指正。

编　者

目录

十三、生物多样性保护

一、生物与环境关系的基本规律

自然界中生物和非生物两大类既有本质的区别,又不能彼此孤立地存在。生物依赖于环境,它们与环境不断地进行能量的传递和物质的循环。生物必须适应环境才能生存;反过来,生物通过自身的生命活动改变环境状况,甚至改变环境类型。生物与环境在相互作用中形成统一的整体。

生态学的概念及其分类

研究生物与环境相互关系的科学就是生态学(ecology)。自上世纪人类面临人口、资源、环境等一系列重大社会问题以来,生态学逐渐发展成为一门应用性很强、多学科交叉的综合性基础学科。

生态学是一门内容广泛、综合性很强的学科,一般分为理论生态学和应用生态学两大类。普通生态学是理论生态学中概括性最强的一门,它阐明生物与环境的一般原理和规律,通常包括按研究对象的生物组织层次划分的四个研究领域,即个体生态学、种群生态学、群落生态学和生态系统生态学。也可依据生物不同分类类别作为研究对象,区分为动物生态学、植物生态学、微生物生态学。动物生态学又进一步划分为昆虫生态学、鱼类生态学、鸟类生态学及兽类生态学等。还可按栖息地类别划分为陆地生态学和水域生态学两大类,前者包括森林生态学、草原生态学、荒漠生态学、冻原(苔原)生态学;后者包括海洋生态学、淡水生态学及河口生态学,此外尚有湿地生态学、太空生态学等。以上均属理论生态学范畴。

生态学的许多原理和原则在人类生产活动诸多方面得到应用,产生了一系列应用生态学的分支,包括农业生态学、林业生态学、渔业生态学、污染

1

生态学、放射生态学、热生态学、古生态学、野生动物管理学、自然资源生态学、人类生态学、经济生态学、城市生态学及生态工程学等。

生态学与其他学科相互渗透产生一系列边缘学科,例如行为生态学、化学生态学、数学生态学、物理生态学、地理生态学、进化生态学、生态遗传学以及近年面世的分子生态学等。

生态学是生物学重要组成部分之一,它与其他生物科学有非常密切的关系。因此,深入学习生态学,必然会涉及其他生物学科以及数学、化学、物理学、自然地理学、气象学、地质学、古生物学、海洋学、湖泊学等自然科学和经济学、社会学等人文科学。作为一个生态学家应当具有广博的学识。

研究生物与环境的关系,先要了解生物有机体在环境中的状态。身处环境中的生物,以个体或群体的形式随时随地与环境发生密切的联系。最初人们研究生物与环境的关系是从个体入手的,偏重于研究生物个体对各种环境条件的生理适应及其机理,属于个体生态学,也即经典生态学。高于个体的层次是种群,同一地域中同种个体组成的群体就称为种群,种群有许多特征是个体层次所没有的,例如出生率、死亡率、增长率、性别比以及种内关系和空间分布格局等。研究种群和环境关系的生态学科称为种群生态学,它曾是上世纪 60 年代生态学研究的主流和重要分支。不同种群组成更复杂的层次结构就形成了生物群落(简称群落),在群落层次上相应产生一系列群体特征,如群落外貌、结构、多样性、稳定性及演替等,属于群落生态学主要研究内容。一定区域内生物群落与非生物环境之间,通过不断进行物质循环、能量流动和信息传递而形成的相互作用的统一整体就是生态系统,研究生态系统的科学就叫生态系统生态学。生态系统概念的提出,为研究生物与环境的关系提供了全新的观点和方法,它已经成为当前生态学研究最活跃的领域。

环境与生境

"环境"一词是生态学最常使用的术语。环境是由各种环境因素组成的综合体,是指某一特定生物体或生物群体周围的空间及直接、间接影响该生物或生物群体生存的一切事物。在以生物为研究主体的生物科学中,环境的概念是指围绕着生物体或生物群体的一切事物的总和;而在以人类为研究主体的环境科学中,环境通常是指围绕着人群的空间以及其中直接或间接影响人类生活和发展的各种因素的总和。由于研究目的及尺度不同,对环境的分辨率也不同,即环境有大小之分,如生物环境可以大到整个宇宙,小至细胞环境;对于某个具体生物群落,环境是指所在地段上影响该群落发生发展的全部有机因素和无机因素的总和。

"生境"是生态学中另一个经常使用的术语,是指生物实际所处的环境空间范围,一般指生物居住的地方,或是生物生活的生态地理环境。也可以说,生境是指特定生物个体或群体所处具体地段各种生态因子的综合。

环境和生境的概念有时是通用的。

环境是个总体概念,通常按环境范围的大小分为宇宙环境(或称星际环境)、地球环境、区域环境、微环境和内环境。宇宙环境是由大气层以外的宇宙空间和存在其中的各种天体及弥漫物质所组成,对地球环境有深刻的影响。地球环境是指地球的大气圈对流层、水圈、土壤圈、岩石圈和生物圈等五个自然圈,又称为全球环境或地理环境。区域环境是指占有某一特定地域空间的环境,它是由该地区的五个自然圈相互配合形成的,不同的区域环境有着不同的特点,分布着各不相同的生物群落。在区域环境中由于某一个或几个圈层的细微差异所形成的环境称为微环境,如生物群落的镶嵌性就是微环境作用的结果。内环境则指生物体内的器官、组织或细胞间的环境,它对生物的生长发育有直接的影响。

有些学者提出小环境和大环境的概念。小环境是指对生物有直接影响的邻接环境,即指小范围内特定的动物栖息地或植物生长处,如接近生物个体表面的大气环境、土壤环境或洞穴内小气候等。大环境则是指上述的区域环境、地球环境和宇宙环境。大环境不仅影响、制约着小环境,而且对生物体也有直接或间接的影响。

生态因子及其分类

(1)生态因子:指环境因素中对生物的生长、发育、生殖、行为和分布有直接或间接影响的因子,如光照、温度、水分、湿度、气体、风、地形、地质、土壤、食物及其他有关生物等。

(2)生存因子:在生态因子中,凡是对生物有机体生活和发育不可缺少

3

的因子,如食物、光照、温度、水分、氧气、二氧化碳等,都称为生存因子。

(3) 主导因子:所有生态因子都是生物直接或间接所必需的,但在一定条件下,其中一个或两个因子对生物的生活起着主导作用,就是起决定生物生态类型的关键作用,特称为主导因子。如果主导因子改变,就会引起其他生态因子的重大变化,从而影响、改变生物的生态类型。例如,在水分是主导因子的干旱荒漠地区,长期干旱决定沙漠动物群为干性动物,而在地下水出露的绿洲则可能生活有喜湿的植物和动物;又如在森林起主导作用的地区,优势动物群为森林动物;淡水湖泊中生活着淡水鱼,而在海洋水域中才生活有海鱼,这是由水中盐分含量这一因素主导的。

(4) 生态因子的分类:生态因子多种多样,分类方法也有多种。通常按有无生命特征区分为非生物因子和生物因子两大类,非生物因子包括温度、光照、水分(湿度)、土壤、酸碱度、氧、风、火等因子;生物因子则包括同种生物的其他个体和他种生物,同种个体间构成种内关系,异种生物之间构成种间关系。

有些学者依据生态因子的性质区分为 5 类:① 气候因子,如光照、温度、降水、风、气压和雷电等;② 土壤因子,指土壤的质地、结构、理化性质、有机质和矿质元素含量以及土壤生物等;③ 地形因子,如山地、丘陵、平原等不同地貌类型及海拔、坡度、坡向等;④ 生物因子,指生物之间的相互影响及生物与环境的相互作用;⑤ 人为因子,从生物因子中把人为因子单列出来,强调人为因素对生物及其生存环境的影响具有随机、迅速、广泛而深刻的特点。

生态因子作用于生物的特点

生物与环境之间的关系是相互的、辩证而又统一的,生态因子与生物相互关系是复杂多样的。生态因子作用于生物具有以下几方面特点:

(1) 综合作用:每一生态因子的作用不是孤立的、单独的,而是互相影响、彼此制约的,生态因子相互联系、协同综合地对生物起作用,个别因素的作用是在综合效应下的表现。而且环境中任何一个生态因子的变化,必将引起其他因子发生不同程度的变化。例如,光照强度的变化会引起温度的改变,光照不仅影响空气的温度和湿度,同时也会导致土壤温度、湿度、蒸发量等的变化;又如冬季来临,气温下降,相应地影响到动物食物的来源和数量,等等。生态学家认为,一种生物能够出现并成功地生存下来,必须依靠整个复杂生境因子的同时存在,但导致某种生物数量衰微甚至绝种,只需改变其中一种因子的质或量,不妙的结果很快就出现。

(2)生态因子具有非等价性:生态因子具有综合作用并不等于各种因子同等重要,不同生态因子同时作用于某一生物,它们的重要性有主次轻重之分,也即有主导因子、生存因子和一般生态因子之分。如果生物要求的生态因素中某一种因子得不到满足,就会影响到它们的生活和分布,例如,热带沙漠地区的温度条件,两栖类是可以生活的,但由于水分和湿度条件很差,这就制约了多数两栖类的分布。

(3)不可替代性和互补性:各种生态因子对生物的作用虽非等价,但却都不可缺少。如果缺少其中某一因子,便会引起生物正常生理的失调,生长也会受到阻碍,体质变得衰弱甚至死亡;而且,任何一种生态因子都不能由另一因子完全代替。但另一方面,在一定条件下,某一因子在量上的不足,可以由其他因子的增加而得到调剂,而且仍然有可能获得相似或相等的生态效应,这就是生态因子的互补性,又称可调剂性。例如,增加 CO_2 的浓度,可以补偿由于光照减弱所引起的植物光合强度降低的效应。又如某些甲壳类动物甲壳形成需要钙,但如果环境中锶元素大量存在,就可减少钙元素不足对动物造成的有害影响。

(4)生态因子作用有阶段性:每种生物在生长发育的不同阶段,例如昆虫的卵、幼虫、蛹及成虫期,或植物的幼年期(幼苗期)、成熟期与衰老期等,不同生长阶段需要不同种类或不同强度的生态因子,也即生态因子对生物的作用具有阶段性。例如,某些作物(如冬小麦)春化阶段中低温是必需的,但后来的生长发育期中,低温对植物则是有害的。又如适宜的水域对蟾蜍产卵和蝌蚪发育必不可少,但蝌蚪变态为成蟾后生活在潮湿的陆地。

(5)生态因子的直接和间接作用:生态因子对生物的发育、繁殖及分布的影响,可以是直接的,也可以是间接的。间接作用有时也非常重要,例如干旱地区雨量的多少直接影响植物的生长,而植物的丰歉关系到动物的食料供应和隐蔽条件等,因此,干旱地区的降雨量间接影响那里动物的生活和数量。

不可忽视的限制因子

(1)最低量法则:德国的土壤农业化学家利比希(J. Liebig),早在 1840

年就已研究限制因子对生物的重要性,成为认识生态因子限制作用的先驱。他比较了不同因子对作物生长的影响,了解到每种植物都需要一定种类和数量的营养物质;他发现作物的产量并非经常受到大量需要的营养物质如二氧化碳和水的限制(这些物质在生境中通常充足无缺),而是受到那些处于最少量状态(即微量元素)如硼、镁等的限制。某种营养成分不足或缺少,植物就会衰弱甚至死亡。后人称此为利比希最低量法则,又称最小因子法则。

利比希最低量法则针对的是营养物质对植物生长的影响,学者们继续进行大量研究发现,这一法则对温度和光照等多种生态因子同样是适用的。需要注意的是,最低量法则只能严格地适用于稳定状态,即能量及物质的输入和输出处在平衡的情况下,还要考虑各种因子之间的相互关系及互补作用。

(2)限制因子法则:与因子最低量相对应,生境中某些生态因子如果过量,如温度过高、水分过多或光照过强,同样能够成为限制因子。英国植物生理学家布莱克曼(Blackman)最早注意到这点。他指出,生态因子的过量状态对生物也有限制性影响,这就是"限制因子法则"。

(3)三个基本点:布莱克曼研究阐明,光照、温度及营养物质等因子的数量变动在对生物生理(如同化作用、呼吸作用)的影响过程中,最引人注意的有三个基本点:一为最低点,即生态因子量低至生物的最低需求量时,生理现象全部停止;二为最适点,即生态因子量不多不少,处于最适状态,此时生物生理状况最好;三为最高点,即生态因子量高达生物的最大需求量时,生理现象也全部停止。最高点和最低点是生物生命活动的两个极限,最适点是指这时因子的强度对生物的生命活动最适宜。

每种生物对每一生态因子的反应都有三个基本点。例如北方鲑鱼卵发育的最低温度为0℃,最高温度为12℃,最适温度为4℃,这就是鲑卵发育的温度"三基点"。由于个体的差异和所处生境的差别,"三基点"会有一定的波动,实际上并不是"点"而是三个"小范围";最适点也并不恰好在最高和最低点之间,而是按照该种生物的遗传性及生理生态需求而偏向最高点或最低点。

布莱克曼的研究还指出,进行光合作用的叶绿体主要受五种因子的控制,即二氧化碳浓度、水分、太阳辐射能强度、叶绿素含量及叶绿体温度。当植物生理过程受到许多独立因素支配时,其光合作用速度受到其中限制因子的制约。人们将这一结论视为最低量法则的延伸。

限制因子的概念具有明显的实用价值。在生产实践中,如果某种栽培植物或饲养动物种群增长缓慢或个体发育不良,应当知道,这并不是所有生态因子都存在质或量的问题,只有找出可能引起限制作用的因子,通过实验确定该种生物与有关因子的定量关系,才能及早解决问题。

耐受性法则

在最低量法则和限制因子法则的基础上,美国动物生态学家谢尔福德(Shelford)进一步研究指出:一种生物能够生长与繁殖,要依赖综合环境中全部因子的存在,其中一种因子在数量或质量上的不足或过多,超过了生物的耐受限度,该种生物就会衰退或不能生存。后人称此为谢尔福德的耐受性法则。依据这一法则,任何超过或接近超过耐受下限或上限的因子都将成为限制因子。这样,每一种生物对每一生态因素都有一个耐受范围,即有一个最低耐受值和一个最高耐受值(或称耐受下限和耐受上限),这两者之间的范围就称为生态幅(又称生态价)。生态幅内存在一个适宜生存范围,在这个范围内生物的生理状态最佳、生育率最高、种群数量最多;而在环境梯度过高或过低的两个生理受抑制区,种群数量变低;及至环境梯度达到生理不能耐受区,则种群消失不见。耐受性法则可以形象地用一条钟形曲线来表示(图1-1)。

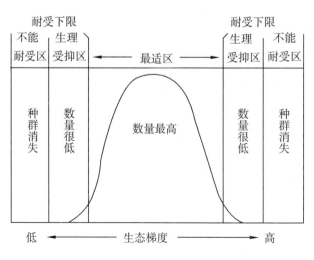

图 1-1　生物种的耐受限度示意图

不同种类生物对同一生态因子的耐受范围是很不相同的,也即生态幅的宽狭不一样,这是由生物的遗传特性决定的,也是生物长期适应其各自原产地生态条件的结果(图1-2)。例如蓝蟹能够适应盐度大范围的变化,能够生活在含盐量高达34‰的海水至接近不含盐的淡水中,属于广盐性动物;而大洋鲷则必须生活在含盐量35‰左右的海水中,要是将它放到淡水或低盐海水中,它很快就会死亡,明显属于喜盐狭盐性动物。

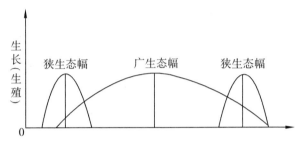

图1-2 广生态幅与狭生态幅物种示意图

继谢尔福德之后,许多学者在这方面进行了研究,并对耐受性法则作了补充,有关论点可概括为:① 某种生物可能对某一个生态因子耐受范围很广,而对另一因子耐受范围很窄;② 对各种生态因子耐受范围都很广的生物,它们的分布一般也很广;相反,对生态因子耐受范围很狭窄的生物,一般具有狭分布区的特征;③ 当一种生物处在某种因子不适状态时,对另一因子的耐受能力也可能下降;④ 自然界中有些生物实际上并不总在某一特定环境因子最适范围内生活,在这种情况下,可能有其他潜在的更重要的生态因子在起作用;⑤ 环境因子对繁殖期生物的限制作用通常更为明显,繁殖期的个体、种子、卵、胚胎、种苗和幼体等的耐受限度一般比非繁殖期成体的耐受限度低,致使其在繁殖期的生态幅变小。

耐受性定律不仅关注环境因子量过少或过多的限制作用,而且还顾及到生物本身的耐受性。如果某种因子很稳定,生物对其耐受范围又很广,这种因子就不可能成为限制因子;相反,如果某种因子容易变化或缺少,生物对其耐受范围又很窄,那它很可能就是一种限制因子。例如,氧气对陆生动物来说,通常数量充足而且容易得到,因此一般不会成为限制因子;但对于寄生生物、土壤动物和高山生物,环境中的氧气状况非同一般,而是有所局限;水中的含氧量也有限且经常波动,因此也常成为水生生物的限制因子。

耐性生态学

谢尔福德提出的耐受性法则,引起了许多学者的兴趣,促进了这一领域的研究,发展了以研究生物个体的生理生态为重点的耐性生态学。此后,生态学中出现一系列与耐受性定律及耐性生态学有关的名词术语,所谓广适应性或狭适应性生物,也即生态幅宽窄或耐受性高低的差别。例如,对温度具有宽广生态幅的生物被称为广温性生物,反之称为狭温性生物;在狭温性生物类群中,又可分为喜温狭温性生物和喜冷狭温性生物,例如养殖罗非鱼温度范围在20~35℃,最适水温28~32℃,属于喜温狭温性鱼类。同理,可以区分狭水性和广水性生物,狭盐性(又分喜盐狭盐性和喜淡狭盐性)和广盐性生物,狭光性和广光性生物,狭氧性(又分喜氧和嫌氧生物)和广氧性生物,狭食性和广食性动物,狭栖性和广栖性动物。当然,有很多生物类群的生态幅并不特别狭或广,属于中间类型。

不难理解,狭生态幅物种的"三基点"比较靠近,如果环境稍有变动,对广生态幅物种的影响可能还不大,而对于狭生态幅物种,这种变动就已达到生存的临界值了。学者认为,生物发展狭适应性是进化过程中的特化或专化现象,这类物种一方面丧失部分适应力,另一方面,在适宜条件下有特化结构的物种可以达到很高的生态效率。例如著名狭食性兽类食蚁兽,脚爪尖锐强健、善于抓破白蚁巢穴,超长的舌富有黏性,能快速伸入蚁穴一串串黏取蚁类为生,是名副其实的食蚁专家。食蚁兽身体结构尤其口部构造(牙齿退化)已不适于吃其他东西,但在蚁类终年丰盛的热带地区,它们的取食效率是很高的,其他动物无法和它们争夺蚁类资源。

自然界既存在众多广适应性类群,也存在部分狭适应性种类,可说各有各的生存之道。但如果一种生物特化太甚,则有其利必有其弊,有些极端狭适应性种类,只能在某一特定生境中生活,因此,哪怕环境只有微小的改变都可能导致它们的灭绝。环境改变对于普通的物种,它们满可以改变生活方式(如转吃其他食物或转移栖息地)而不致危及生存。因此,在复杂多变的环境中,普通模式的生物是最适合生存的;但在稳定平静的环境中则因效率较低常败给特化物种。往深里看,生物特化程度越高,进一步适应的能力就越低。特殊的狭适应性物种比普通的广适应性物种种类要少得多,道理就在这里。

　　随后,针对环境破坏及环境污染,耐性生态学还发展了新的应用分支学科,例如环境耐性生态学、污染生态学等。环境耐性生态学的核心理念是把生态环境看成具有"生命"的系统,有一定的耐性能力和自我恢复能力,但同时具有三方面重要的耐性指标,即容许承载量、容许侵蚀量和容许施肥量。

二、不同环境中的生物

分析生物与环境的关系,需要强调的是环境对生物的主导作用,可以说,有什么样的环境就有什么样的生物,环境塑造了生物;反过来说,生物是自然环境的一面镜子,生物的形态结构、生理特征和生态特点,总是和它们生存的自然环境息息相关,适应性强的生物分布比较广,适应范围狭窄的生物只能在特定的环境里生活。熟悉生物与环境的关系,才能认识自然环境的重要作用,才能深刻理解保护生物首先要保护环境。

不同环境中分布和生活着不同的生物。从宏观生态角度来看,地球陆地有森林、草原、荒漠、冻原和山地等环境,不同的气候带中分布着相应的植被类型与动物群,它们构成了生物圈具有代表性的森林生物群落、草原生物群落、荒漠生物群落、冻原生物群落和山地(高原)生物群落等。海洋环境可分为沿岸带、大洋带和深海带三类生境,相应分布着沿岸带生物群落、大洋带生物群落及黑暗无光、缺乏植物的深海带动物群落。各群落都有各自的群落外貌、组成成分、季节动态及生态特征,这些特征是和各地的自然环境条件相适应的。先举一些典型事例,阐明主要环境因素对动植物的生态作用。

阳性植物与阴性植物

光对植物的生理生态有重要影响,通常根据植物对光照强度的反应区分为阳性(阳地)植物、阴性(阴地)植物和耐阴植物三种类型。

阳性植物是在强光照条件下才能健壮生长的植物,在荫蔽和弱光处发育不良。光照强烈的阳坡、旷地或路旁,生长阳性植物如蒲公英、蓟、落叶松等,典型的草原和沙漠植物大都是阳性植物。

阴性植物是在较弱光照条件下生长良好的植物,多见于阴坡或林下遮阴地,如蕨类、龟背竹、酢浆草、红豆杉、人参等。

耐阴植物介于阳性和阴性植物两类之间,在全日照下生长良好,但也能忍耐适度的荫蔽,如山毛榉、云杉、胡桃等。

阳性和阴性植物的外貌及茎、叶形态结构都有明显区别。对于一棵喜阳的大树来说,向阳一侧比背阴侧的枝叶要茂盛一些,花蕾和果实较多,开花的时间也比较早。

光饱和点与光补偿点:一定范围内随着光照强度增大,植物的光合作用速率加快,但当光强度达一定限度时,光合作用不再加快,这时的光照强度就是这种植物的光饱和点。同样,当光强度降到植物的光合强度和呼吸强度相等时,这时的光照强度就称为光补偿点。光饱和点和光补偿点分别代表植物对强光和弱光的利用能力,可作为植物需光特性的指标。

阴性植物比阳性植物能更好地利用弱光,它们在低光照下便能达到光饱和点,而阳性植物的光饱和点则要高得多。几乎所有的农作物都具有很高的光饱和点,即只有在强光下才能正常的生长发育。

长日照植物和短日照植物

地球各处的日照长度随纬度和季节不同而发生规律性的变化。一般认为,每天光照长度超过 12 小时为长日照,不足 10 小时为短日照。由于植物开花过程对日照长度要求不同,有的要求长日照,有的喜欢短日照,据此区分植物为长日照植物和短日照植物。

日照长短不同的地方,生长的植物也就不同。长日照环境生长长日照植物,如冬小麦、甜菜、萝卜、牛蒡等;短日照环境生长短日照植物,如迎春花、梅花、玉米等。有些研究者还提出中日照植物和日中性植物的概念,前者指那些只有当昼夜长短比例接近才能开花的植物,如甘蔗的某些品种;后者则是指那些一年四季都能开花结果的植物,如四季豆等。在自然界里,短日照植物多在日短夜长的早春或秋季开花,长日照植物则多在日长夜短的晚春或初夏开花。原产在温带或寒带地区的植物多为长日照植物,原产在热带和亚热带地区的植物多为短日照植物。

长日照植物繁殖期光照时间越长,开花越早,但如所需的长光照时数得不到满足,则植株停留在营养生长阶段,不能形成花芽;同样,短日照植物只有在短日照条件下花芽才会分化。人们可以对栽培的花卉、作物进行光照时间的处理。短日照处理:在长日照季节每天用黑布或黑纸遮暗植物一定时数,即能促进开花。长日照处理:在短日照季节用灯光补充照明,可促进长日照植物开花。人工延长或缩短光照,可使植物提早或推迟开花;颠倒昼夜(人工白天遮光,夜间加光),可以改变有些植物夜间开花的习性,如天然夜间才开的昙花,可被改成白天盛开。菊花为短日照植物,通过控制日照长短来控制花期,以适应人们节日大批之需。农林生产及引种植物应特别注意植物对日照的要求。

光与动物的生态类型

环境光照条件影响动物的行为与习性,依据动物对光的不同反应区分为昼行性动物(喜光动物)、夜行性动物(喜暗动物)、晨昏性动物和全昼夜性动物四个生态类型。昼行性动物是白天活动、夜间休息,能适应较高光照强度的动物,如大多数鸟类、灵长类、有蹄类、黄鼠、松鼠和蜥蜴及昆虫中的蝶类、蝗虫、蝇类等;夜行性动物生活在较弱的光照环境,夜间活动,白天休息,如夜猴、褐家鼠、夜莺、夜鹭、鸮(猫头鹰)、壁虎、蜚蠊和夜蛾等;晨昏性动物指喜欢在夜幕降临或破晓之前朦胧光下进行活动的动物,如某些蝙蝠、刺猬等;全昼夜性动物指全天24小时都能活动,既能适应强光也能耐受弱光的动物,如田鼠、紫貂、柞蚕等。

全昼夜性和昼行性动物能经受较广范围光照的变化,属于广光性类群;夜行性和晨昏性动物只能适应较小范围光量的变化,属于狭光性类群。土壤动物和内寄生动物几乎都是避光生活的。

不同光照环境中分布不同的动物。在黑暗的地下生活着视觉退化的鼹鼠、鼢鼠等;在弱光环境中生活着大眼睛的飞鼠(鼯鼠)、褐家鼠等。褐家鼠的眼球突出,可从各个方面感受微弱的光线。深海弱光带的鱼虾类眼睛也特别发达,以尽可能利用微弱的光照;而生活在深海完全无光带的瞎鱼,眼睛完全退化。

热带雨林中绚丽多彩、五颜六色的光背景条件,造就了体色艳丽的孔雀、蜂鸟和各种彩蝶;而长年生活在土壤、深洞穴和寄主体内无光环境的动物,体色多是灰白色。生物体表的色彩和斑纹是它们生活环境光照条件的反映。

温度与生物的生理生态

不同生物对温度条件的要求不同,高了不行,低了也不好。不同季节我们看到不同的生物,这主要与各种生物的发育起点温度有关。例如,亚麻发芽的温度为 1.7℃,玉米为 9.4℃,水稻为 12℃。家鸡最适孵化温度是37.8℃,高温能加速鸡胚发育,但死亡率增加,雏鸡质量下降;甲鱼最适生长温度是25～30℃,水温 20℃ 以下生长停止,15℃ 以下进入冬眠状态。俗话说"草木知春""春江水暖鸭先知",表明植物和动物对环境温度的变化是十分敏感的。更有意思的是,龟卵孵化温度 25～28℃ 时,孵出的稚龟大多为雄性;孵化温度 30℃ 时,孵出的稚龟大多为雌性。

热带、温带、寒带各产有代表性的动物和植物,这与地球不同温度带的有效积温有关。有效积温是指生物为了完成某一发育期所需要的总热量,也称热常数或总积温。例如,温带种植的小麦需要有效积温 1 000～1 600℃·日,棉花需 2 000～4 000℃·日,而热带出产的椰子约需 5 000℃·日。由于有效积温的限制,椰子、橡胶只能生长在热带地区,在亚热带、温带地区不能正常开花结果,甚至会冻死;反过来,将温带出产的冬小麦种到海南岛,它也不能结穗。

水分主导的生态类型

水在地球上分布不均匀,依据生物对水分的依赖程度区分为陆生植物和水生植物以及陆生动物和水生动物。

陆生植物:陆地不同湿度环境中分别生活着湿生植物、中生植物或旱生植物类型。陆地潮湿环境中生长湿生植物,如热带雨林中的附生蕨类和兰科植物等;水分中等的陆地环境生长中生植物;干热的草原和荒漠生长旱生植物。湿生植物不能长时间忍受缺水,但耐涝性能强;中生植物种类多、分布广;旱生植物能忍受较长时间的干旱,包括少浆液植物如草麻黄、骆驼刺等和多浆液植物如仙人掌、景天等。

水生植物:依据其在水中的生活状况,分为沉水植物、浮水植物和挺水植物三个生态类型。沉水植物为典型水生植物,整个植物体沉没在水下生活,如黑藻、金鱼藻、狸藻等。浮水植物叶片漂浮在水面,不扎根水底、植株完全漂浮生活的如槐叶萍、浮萍等;根扎水底、植株部分漂浮的如睡莲、眼子菜等。挺水植物茎叶大部分挺出水面外生长,根部生活在水浸的土壤中,如芦苇、香蒲等。

陆生动物:陆地干旱环境中生活喜干动物如骆驼、沙蜥等,而陆地潮湿环境中生活喜湿动物如地鳖虫、陆生蜗牛等。大多数动物种类生活在中等湿润环境。

水生动物:指生活在水中的动物。它们似乎不存在缺水问题,其实不然,因为水是很好的溶剂,不同水域溶解有不同种类和数量的盐类,因此其理化性质各有差别,而水生动物的体表通常有渗透性,所以水生动物存在渗透压调节和水盐平衡的问题。因此,不同类型水体生活着不同的水生动物类群,如淡水动物、半咸水动物、海洋动物和高盐水体动物等,表现不同的水盐调节机制和适应能力。

空间异质性:各地环境不均匀一致,生态学上叫做空间异质性。空间异质性程度越高,意味着其中包含有更多样的小生境,可以生活更多不同类型的物种。例如,在一个淡水坑塘及其附近水陆交界处,水层中生活着浮游生物和鱼类;水底为螺蚌等底栖动物;较深的塘底生长金鱼藻、黑藻等沉水植物,浅水塘底则生长菱角、莲、睡莲等有根浮水植物;岸边更浅处则是香蒲、芦苇、三棱草等挺水植物的地盘,栖居蛙类、水蛭等;在池塘岸边无水而土壤经常潮湿的地方,则以莎草、灯心草等湿生植物占优势,栖居动物换成蚯蚓、蜗牛和喜湿昆虫。离池塘更远的地方,土壤得不到塘水的滋润,湿生植物不能生长,让位给中生植物或中生偏旱植物。

土壤环境与指示植物

在质地和成分不同的土壤中,同样生活着不同类型的植物。

喜钙植物:生长在含有大量代换性 Ca^{2+}、Mg^{2+} 的钙质土或石灰性土壤中的植物,又称钙土植物,它们不能生长在酸性土壤中,如蜈蚣草、铁线蕨等。

喜酸土植物（又称嫌钙植物）：生长在酸性或强酸性土壤中的植物，如水藓、铁芒萁、茶树等。

盐生植物：生长在盐土地区的植物，这类植物体内积累的盐分对其自身不仅无害，而且有益。常见的内陆盐土植物如盐角草、盐爪爪等，滨海盐土植物如大米草和秋茄、木榄等。

沙生植物：生活在以沙粒为基质的沙土生境的植物称为沙生植物。这类植物在长期自然适应过程中，形成了抗风蚀沙割、耐沙埋、抗日灼、耐干旱贫瘠等一系列生态特征，如沙鞭、沙柳、沙引草等。一般植物无法在沙土生境中生活。

指示植物：由于成土母质的差异，不同土壤中所含的微量化学元素不一样，那些能在含有某种化学元素土壤中大量生长的植物，就成为有关元素的指示植物。例如海州香薷是铜矿指示植物，根据海州香薷群落的分布，就可能找到铜矿；大叶醉鱼草可能作为汞矿指示植物；杜鹃花、铁芒箕生长的地方，指示土壤呈酸性；蜈蚣草则是钙质土指示植物。

在现代生态条件下，不同的环境有不同的生物。各地史时期出现的生物也是古生态条件塑造的结果。环境塑造生物，不论现环境还是古环境，不论地球环境、区域环境还是小环境、微生境，都是如此。

三、生物对环境的适应

环境作用于生物，生物适应于环境，这已是众所公认的事实。那么，什么是适应？适应性的概念就是生物以某种方法与其生存的环境相适合，得到保护，免受不良气候或天敌等的侵袭，得以生存、繁殖和传播；或者说生物选择自身适宜的生境栖息、繁衍、分布。生物对环境的适应是多方位的，表现在形态的、生理的、生殖和生态行为的适应几个方面。适应在自然界中普遍可见，它们对论证环境塑造生物及生物的演化发展有重要意义。

千姿百态的形态适应

生物以其形态适应特定的环境，这方面的实例很是普遍常见。

（1）动物形态适应的例子：以鱼为例。由于水中生活的缘故，鱼体离不开一个基本格式——鱼雷型，但是栖息在不同小生境，会使鱼类的基本体型发生很大的变化，如底栖鱼（偏口鱼）变为上下扁平的形状；珊瑚礁鱼多为两侧扁平，利于在珊瑚分枝的空隙间游弋；生活在开阔大洋的飞鱼，胸鳍扩展如同鸟翼，能够跃离水面，在空中滑翔飞行数十米，以此逃离水中凶猛天敌的追捕。这是一种很特殊的适应。

许多常见鱼类的口部构造适应不同的觅食方式，如带鱼有坚固突出、尖利牙齿的上、下颌，适宜捕捉活食物；海马、海龙等鱼类口部小孔状，适于吸食浮游动、植物；奇特的深海鱼类通常具有很大的口和尖锐的牙，以增加捕到鲜活食物的机会。雌性深海鮟鱇口上方背鳍的第一鳍棘延伸生长，顶端生有闪闪发光的肉穗，这条肉穗伸长了就像一根天然奇巧的"生态钓竿"，是专门用来诱敌上钩的结构。深海鮟鱇将鱼身埋伏海底不动，只让那条发光的肉穗摇来摆去,引得口馋的小鱼群集到它的大嘴周围,突然"叭"的一声,大口一闭,小鱼都成了这个"垂钓者"的美味佳肴。图 3-1 下方为一条深海角鮟鱇雌鱼,图示其超大的嘴和口上方那条收缩的肉穗。深海角鮟鱇还显示同种雌雄间的寄生生态特性,特称为"性寄生",雄鱼寄生在雌鱼身上,身体比雌鱼小得多,口部吸附式,营养吸自雌鱼身体。有时一条雌鱼身上可能寄生多条雄鱼。对这种深海鱼的性寄生现象,学者认为:在深海无光、生境广袤、动物个体密度极低的情况下,雌雄鱼以寄生方式生活在一起,有利于繁衍后代。

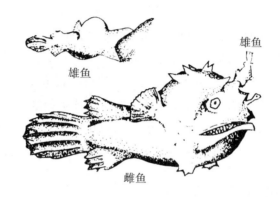

雄鱼

雄鱼

雌鱼

图 3-1　深海角鮟鱇

　　以鸟为例。生活在不同环境的鸟类各自发展了特殊的结构。鸟嘴形态和取食方式及食物种类紧密相关。雀类的钝形嘴适于咬碎种子,它们以啄食种子为主;鹟、莺、鹡鸰等的嘴细小尖锐,适于啄食小虫;啄木鸟的嘴坚锐如凿,配上细长灵活、能够伸缩自如的舌头,特别适于啄木食虫;鹰类的嘴大而强壮,前端具有锐钩,适于撕食其他动物;水鸭的嘴缘有栉齿,适于用来滤食水中小生物;交嘴雀的嘴上下喙交叉而锐利,特别适于高速挑食松果种子,这是其他鸟类所不能;鹦鹉的嘴适于咬碎坚硬的核果和种子,咬碎之后能用强有力的舌头把果肉和种仁挑出来吃;蛎鹬的喙又尖又长,适于伸进半开的牡蛎或蚌壳

图 3-2　几种不同形态的鸟嘴

内啄食蚌肉(图 3-2)。因此,人们由鸟嘴的形态常可判断鸟儿的食性,知道

它们吃什么，也就知道它们的栖息环境了。

鸟脚的形态特征与生活习性同样关系密切。鹰鹫等猛禽的脚趾粗短强壮、爪弯曲锐利，适于攫取活动物；鹤、鹬等涉禽的长脚，适宜在浅水区涉水觅食；雁、鸭等游禽脚趾间有蹼膜，适于游泳划水；啄木鸟的脚两趾在前、两趾在后（对趾型），属于森林鸟的攀援足（图3-3）；不会飞的著名走禽鸵鸟，足十分强健，而且趾数减少，特别适于沙地快速奔走（图3-4）。

图 3-3　几种代表性鸟脚

a. 鸭的蹼足　b. 鹭的长脚

c. 鹰的利爪　d. 啄木鸟的对

图 3-4　只有两个脚趾的非洲鸵鸟脚，就像有蹄兽的蹄子，善于快速奔跑

众所周知的保护色、拟态、警戒色等，也都是动物以其特殊的形体结构和斑纹搭配来适应环境、求得生存的极好例子。

（2）伯格曼法则和艾伦定律：很久以来就有一种已被广泛接受的看法认为，同种或同类温血动物，生活在寒冷地区的体躯较大，而生活在暖热地区的体躯较小。例如，寒带的北极熊的体躯比热带的马来熊大得多，北极狐比热带大耳狐体形也大。这类规律性的现象早在1874年就由德国动物学家伯格曼（C. Bergmann）发现并指出，随后被归结为伯格曼法则。这一法则由于有"物体越大，相对表面积越小，失热越少"这一物理学定律的支持，的确使人感到颇有道理，只是在实践中也发现不少例外的情况。作为伯格曼法则的继续和发展，1876年美国动物学家艾伦（J. Allen）提出另一定律认为：恒温动物身体的突出部分如四肢、尾巴和外耳等，在低温环境中生活的有变短变小的趋势。例如，冻原地带的北极狐的外耳小于温带产赤狐的外耳，而赤狐的外耳又短于生活在热带非洲大耳狐的外耳。这一著名例子点明，同一类温血动物，在寒冷地带生活者，其身体的突出部分比较短小，有利于保温；而在暖热地区生活者，身体的突出部分较为长大，有利于散热（图3-5）。伯格曼法则和艾伦定律是两条有关动物适应环境温度的知名法则。

（3）植物形态适应的例子：植物形态适应的例子同样随处可见。例如，高山高原植物茎干粗短、叶面缩小、毛绒发达，这主要因为其生境短波光较多的缘故，也是植物避免紫外线伤害的一种保护性适应。许多极地和高山植物的芽具有鳞片，植物体表面被有蜡粉或密毛，表皮有发达的木栓组织，植株矮小呈匍匐状、垫状或莲座状等，这些形态特征有利于保持体温，以抗御低温严寒。植物对高温环境的形态适应主要表现在有些种类体表具有密生的绒毛和鳞片，有些植株呈白色、银白色，如荒漠植物白刺、白琐琐；有的叶片革质光亮。绒毛和鳞片能过滤一部分阳光，白色或银白色的植物体和光亮的叶片能反射大部分光线。有些植物叶片垂直排列使叶缘向光，或当高温时折叠以避免强光的灼伤；还有些植物的树干和根茎有很厚的木栓层，起绝热保护作用。

北极狐

赤狐

大耳狐

图 3-5 三种狐外耳的比较

这是阐述艾伦定律最常列举的例子

陆生植物在维持水平衡方面具有一系列的适应性，主要反映在减少叶片的蒸腾作用和增强根的吸水能力两方面。植物体的气孔是植物与环境间气体进出的通道，气孔的开放度关系到植物体蒸腾失水量。生活在不同环境中的植物，气孔的多少和结构以及调节气孔开闭的能力也不同。荒漠植物的气孔深陷在叶片内，有助于减少蒸腾失水量；有的植物轻度失水时减少气孔开张度，甚至关闭气孔以减少失水；即使是耐旱的阳性草本植物在过度干燥时气孔也会关闭。植物体吸收阳光就会升温，而植物表面浓密的细毛和棘刺，可防止阳光的直射，同时增加散热面积，避免植物体过热。有些植物体表面覆盖有不透水的蜡质层，也可减少蒸腾失水量。干旱地区的植物叶一般为小叶型（如刺叶石竹）甚至鳞片状（如草麻黄），这也是对减少水分蒸腾的适应。

对于陆生植物，水主要来自土壤，根从土壤孔隙中吸水，根系生长的深度及其分支的精细状况,决定了植物能否接近和吸收土壤水的程度。在土壤经常潮湿地区的植物,通常为浅根系,有的根甚至缺乏根毛;典型湿生植物生境中有充足的水分,其根系极不发达,叶片柔软,海绵组织发达,栅栏组织和机械组织不发达。一些经常遭水淹的湿生植物如水稻、灯心草等,根系不发达,没有根毛,而根部有通气结构与叶的通气组织相连,以获取空气中的游离氧。相反,在降水稀少、土壤经常干燥的地区,植物具有发达的深根系,如蒺藜和滨藜主根可长达几米,可吸取到地下水而不依赖雨水生活;有的植物根毛很发达,可充分增加吸水面积,例如沙漠中的骆驼刺,地上部分可能只有几厘米高,地下根部却长达 15 米深,并有发达的须根和大量根毛。

适应性是环境对个体大量发生的偶然变异长期不断"筛选"而产生和形成的。大象并不是一开始就有个"万能"的长鼻,而是由于自然界给以鼻子长得稍长的古象以更多的生存机会,自然选择使决定这一微小遗传差异的基因一代代地积累起来,延续下去,后来才发展成为这么一个对大象的生存不可缺少的独特器官。英国工业革命造成了由于环境改变而出现的适应变异的另一突出的例子:在 1850 年以前遍布英国各地的一种桦树尺蛾,栖息在附生有浅色地衣的桦树树干上,浅色蛾子的伪装与背景配合得很好,但工业发达带来的煤屑和烟灰,使树木沾满黑色尘粉,在背景颜色变深的情况下,浅色的桦树尺蛾逐渐被颜色较深的个体所取代,这时深色的飞蛾比较能够躲过吃虫动物的注意和袭击。不出数十年,曾经到处可见的浅色蛾子很少了。当这种桦树尺蛾的栖息环境还是浅色的时候,其颜色变深的个体肯定是"不正常"的,大多数都会早早被天敌捕食而受淘汰,当新环境形成后,变深的体色便成为有益的适应。

奥妙无穷的生理适应

生物不仅通过形态变化适应其生境,而且以不同的代谢方式或代谢强度与其生境相协调。需要指出的是,生理适应和形态适应时常密切相关、难以完全分开。

(1)动物生理适应的例子:某些荒漠爬行类以固态尿酸盐的形式排泄尿素,使身体水分损失达到最少;荒漠动物如跳鼠、沙鼠对干旱环境产生极其奥妙的生理适应,它们的新陈代谢只需极少量水分即可完成,甚至只需食物中的少许水分而不必另外喝水。

深海鱼与浅层鱼各有对不同水压的适应,浅层鱼类放到深海会因水压过大而死亡,深海鱼类拉到水面的时候就已自动死亡,因为水对鱼鳔的压力突然减低很多,使鱼鳔猛烈膨胀,鱼的内部器官因而被挤破裂。生活在青藏高原的牦牛,它们红细胞运送氧的能力比平原地区的有蹄类强得多,靠着血色素含量高、与氧亲和力特强的红细胞,牦牛才能在其故乡成为"高原之车"。鳄是呼吸空气的爬行动物,为什么能长久潜伏水底?原来,鳄潜到水底后,体内气体代谢降低,心脏搏动减缓,这样,贮存在体内的气体就可以供它相当长时间的消耗,这是鳄长期适应水中潜伏生活而形成的生理适应特征。

(2)骆驼的特殊适应:骆驼外貌极其特殊,背上有叫做"驼峰"的自然瘤状突起;四肢修长,脚端的蹄子大如软垫,耐沙子摩擦而能够在沙地长途驮载和行走;鼻子能随意关闭以阻挡风沙进入;双眼皮、长睫毛能挡沙护眼。这些结构属于形态适应。但骆驼单靠形态适应尚不足以在旱魔肆虐的地方生存。

骆驼适应干旱环境的机理一直是人们感兴趣的问题。过去认为,骆驼可耐久渴因其胃内有很多贮水囊,驼峰脂肪分解也可补充体内对水的需要。但最近的研究得知,骆驼体内并没有特殊的贮水器,它们耐渴靠的是低消耗节水型的生理功能。通常恒温动物的体温是恒定的,但骆驼在沙漠高温环境中能适当放宽身体的恒温标准,使体温有较大的变幅以暂时耐受高温。骆驼体温有较大的昼夜变动范围,正常饮水时体温波动较小(36~39℃),干渴时体温波动可以较大(34~40℃)。白天骆驼从环境中吸收热量,调节性地使体温升高,从而大大减少了蒸发散热,也就减少了水分的消耗。夜晚环境温度下降,贮存在骆驼体内的热量又会通过传导和辐射向外散失,从而使体温下降。白天吸热升高体温还能缩小环境温度和体温之差,这样可降低热量从环境向骆驼体内的传导。另外,驼毛作为体表的绝热层,也是有效的隔热屏障,可以大大限制环境热量向骆驼体内的传导,间接起到保持水分的作用。骆驼可以耐受高体温,而又一定程度上限制了外界热量向体内的传导,不至于使身体过热(体温不超过41℃)。这种节水的生理功能对骆驼耐渴起到了重要的作用。

但无论如何,在干热的环境中通过皮肤和呼吸道仍然不可避免地要蒸发掉一部分水分,而且通过排泄也会丧失水分。骆驼事先不超量饮水,在沙漠长途行进过程中又得不到水分补充,这就可能造成身体脱水。动物体内长久缺水而仍能正常活动,重要的就是能经得住脱水,并能耐受极度脱水,这是骆驼耐渴的又一个关键因素。一般情况下,狗和大鼠等动物脱水程度如达到体重减轻12%～14%时就会死亡。而骆驼在沙漠长途跋涉时却能耐受体重减轻25%～30%的脱水度。动物脱水时造成的首要生理问题是血浆容量减少,从而导致血液黏度增高,以致心脏负担加重,并使流经皮肤的血液量减少,因而减缓体内热量向体表的转移。这种情况发展到一定程度,体温就会爆炸性地上升,甚至达到致死的限度。但骆驼随着脱水程度的加重,血浆容积的减少远比其他动物为少,因而不会出现体温的急剧上升。

骆驼不仅能耐脱水,而且在得到饮水之后从脱水状态恢复到正常状态的能力也特别强。如在体重减轻20%的脱水情况下,骆驼显得又干瘦、又憔悴;但它在10分钟内就可以饮入70～100升水,从而补充了体内水量的需要,身体也迅速膨大起来,恢复到平常状态。

沙漠动物骆驼特殊的生理适应性,充分印证了生物适应环境、适者生存这一普遍的生态学规律。

(3)鸟兽耐寒的秘诀:生活在温带地区的动物,每当寒冷季节来临,通常采取迁移(如候鸟南飞)、休眠(如刺猬冬眠)或贮粮过冬(如松鼠、仓鼠贮粮)等行为上的适应;而生活在气候更为严酷的寒带和极地的鸟兽,除了采取种种有效的生态适应外,还需要更强有力的生理适应,才能保证安全度过严寒季节。

南极企鹅、北极熊、北极狐、麝牛、北美驯鹿等鸟兽,能够在寒带甚至极地生存,能在－30℃以下的严寒环境中平静地吃东西、休息、睡眠、繁殖,并无冻死的危险,它们耐寒的秘诀何在? 有一点是很明显的,能够在寒带和极地生活的鸟兽,主要的进化发展首先在于能够有效地维持体温的恒定。

上面谈到的伯格曼法则和艾伦定律指出,生物的大小和外形与环境(温度)有关。通过更深入的研究,近年科学家认识到,动物的主要保暖机构不仅在于体积和外形,更重要的是身体的绝热能力,这种能力由两重机构来保障:一是皮肤里面的厚脂肪层;二是皮肤外面的软毛层或羽毛层。寒冷地区的鸟兽在冬季来临前增加羽毛的密度,提高身体的抗寒性,加厚皮下脂肪层,提高身体的隔热性。北极狐厚实的毛皮和皮下脂肪,使它们在严寒时无须增加产热而能维持恒定的体温;北极海豹皮下脂肪竟厚达6厘米;南极企鹅、北极熊也有双重绝热机构,可以在近于结冰的海水中连续嬉戏或觅食数小时,而人在如此冰冷的水中很快就会冻死。

很久前探险家就已发现,像德国牧羊犬这类欧洲名犬,因毛皮太薄在极地征途中是不顶用的;极地探险用来拉雪橇的阿拉斯加狗或爱斯基摩狗具有厚得多的毛皮,在严寒的冬夜照样能安然入睡。生活在冻原地带的麝牛有更高的耐寒能力,秋季它们毛皮的内绒长出细而长的毛丝,当寒冬到来便已具备了两层绝热层,以致在它们躺下的地方雪都不会融化。在极地冬夜里,动物软毛能够吸收并反射出去的射线是肉眼看不见的红外线,这种射线的热量可渗透入两层软毛,以进一步提高其毛皮的保温性能。

动物对低温环境的另一适应是发展局部异温性,即兽类的四肢、尾巴、吻部、外耳、眼和鸟类的后肢、翅膀、嘴、眼等部位的温度可以低于体躯中央的温度,并且身体中央温暖的血液很少流到这些部位,从而使这些隔热不良的部位不至于大量散失体热。这就是说,在同一动物身体的不同部位,体温可以出现不寻常的双重标准。如驯鹿、爱斯基摩狗等极地动物,四肢温度比身体温度约低10℃;海豹尾部及鳍状肢的温度也低于身体核心部位的温度;生活在冰天雪地的北极狐,其脚爪温度接近冰点。有人测量一只站在冰面上的鸥脚,其温度自下而上不同:脚掌部仅0～5℃,裸露的跗部6～13℃,长羽毛的胫部32℃,而鸥体中央温度达到41℃,表现了明显的局部异温性。寒带动物身体的终端部位保持低温,可使身体失热量大为减少(图3-6)。

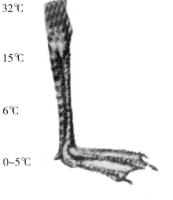

32℃

15℃

6℃

0～5℃

图3-6　一只站在雪地冰面上的鸥脚,实测所得各部位的温度值

逆流热交换是另一种保温节能的生物工程设置。动物利用逆流热交换机制是合理保温节能的生理适应。最好的例子是江豚鳍状肢中的动、静脉血管的几何式安排,即动脉被一圈静脉包围。当身体核心部分的"热血"流

入鳍状肢的动脉时,其热量被周围的静脉所接受而逐渐变冷,因此,当动脉血流达鳍表面时,只有很少量的热散失到水中;当血液沿静脉回流到身体核心部分时,沿途接受的热又使其温度逐渐回升。江豚鳍状肢中动、静脉血管如此巧妙的安排,是对水环境散热远较大气中迅速的一种合理的适应。

逆流热交换机制不只限于水生动物,温带和寒带鸟兽肢体的主要动脉位于深部,而静脉却有深部和表浅静脉两类。寒冷季节时大部分四肢静脉血通过深部静脉而回心;当暖热时,大量静脉血则由表浅静脉流回心脏。

尽管温血动物保持体温、抗御失热的机构精巧而完美,但它们总还是会失去一些热量,世界上没有一种办法能够完全绝热。无论如何,动物需要并且消耗一定能量,而能量必须靠食物源源供应来补充。然而,在气温低到−30～−40℃的地方,还会有什么动物可充当食物吗?幸好有一些特殊的变温动物(鱼、虾、昆虫、螨类等),令人难以置信地生存和繁衍着,从而提供给极地耐寒鸟兽以必要的食物。这些超级抗冻的变温动物耐寒机理的奥秘,同样值得人们去探索。

(4) 植物生理适应的例子:最典型的例子就是C_3、C_4植物和CAM(景天酸代谢型)植物,它们以不同的代谢方式适应特殊生境。在光合作用过程中,最初形成的基本化合物的最小单位由三个碳原子组成的植物,叫做C_3植物。后来,又发现了基本单位是四个碳的植物,叫做C_4植物。C_4植物是从C_3植物进化而来的,与C_3植物相比,它具有在高光强、高温及低CO_2浓度下保持高光效的能力。

C_4植物如玉米、甘蔗等起源于热带,适应光辐射量大、温度高的特点,形成特殊的代谢方式,具有两条固定CO_2的途径,因而它们的光合产量高。C_3植物如小麦等,常生活在干冷环境中,仅具一条固定CO_2的途径。景天酸代谢型植物如仙人掌科、景天科肉质植物,生长在极端干旱环境中,当夜晚温度较低时才张开气孔,使伴随着气体交换的失水量尽可能减少,同时吸收环境中的二氧化碳并将其合成为有机酸贮存在组织中;白天时贮存的有机酸经脱酸作用释放出CO_2完成光合作用。

生活在低温环境中的植物,常通过减少细胞中的水分和增加细胞中的糖类、脂肪及色素等物质来降低冰点,防止原生质萎缩和蛋白质凝固,增强抗寒能力。例如,鹿蹄草通过在叶细胞中大量贮存五碳糖、黏液、胶等物质来降低冰点至－31℃。极地和高山植物能吸收更多的红外光,可见光谱中的吸收带也较宽,这也是低温地区植物对低温的一种生理适应。例如,虎耳草和十大功劳等的叶片在冬季由于叶绿素破坏和花青素的增加而变为红色,能提高吸热能力。极地和高山植物的芽和叶片内常有油脂类物质保护。

至关重要的生殖适应

在多种适应对策中,生殖适应对策是最为重要的。对所有物种来说,进化必然要反映在能够更有效地进行生殖,自然选择无疑将有利于那些生殖能力强的个体,也即有利于在一生中能够产生并养活更多后代的个体。不同种类生物一生中留下后代的数目和后代个体的大小是很不相同的。生物从外界环境中摄取的能量,一部分用于自身的生长发育,另一部分用于繁殖后代。虽然不同种类生物在这两方面投入的能量比各不相同,但还是可以说,亲代用在生殖上的能量都是有限的。若是产生的后代数量多,个体就小;同样,如果后代个体大,数量就会很少。亲代用于生殖的能量多,产生的后代数量也就多,但用于抚育的能量就相对少,后代得不到完善的抚育,死亡率就高;若亲代将大部分能量用于抚育,后代的死亡率低,但产生后代的数目必然就少。生殖适应对策就是在生殖和抚育这一对矛盾之中,找出一种最优组合。

（1）动物种群的生殖适应:自然界经常会出现一些有规律的现象。例如,温带鸟类的窝卵数比热带地区的多;生活在高纬度地区的兽类每胎产仔数多于低纬度地区;低纬度地区蜥蜴的窝卵数较少,但成活率较高;某些温带昆虫的产卵量比热带地区同类昆虫的要多。这些现象都可以认为是动物种群对不同环境所采取的生殖对策。1966年科迪（Cody）曾以鸟类为例,从生殖能量分配的角度分析和解释上述现象。他认为,鸟类的窝卵数的多少,决定于能量的分配,因为亲鸟要把用于生殖的能量分别投向产卵、逃避天敌和增强竞争力等多方面。热带地区环境和气候条件比较稳定,种群数量高而稳定,种间和种内的生存竞争激烈,动物无需增加窝卵数来弥补气候造成的损失,而需要将更多能量用于逃避敌害和增强自身竞争力。温带地区气候的变化常使动物种群数量达不到环境负荷量,种间和种内的生存竞争较为缓和,动物将能量主要投向生殖后代上,因而窝卵数保持较高水平。

有些动物在生殖季节对食物供应量的反应相当果断。如鹩哥通常一窝产 5 个卵,虽然亲鸟总是试图养活所有雏鸟,但当食物短缺时,亲鸟总是优先喂食早孵出的幼雏,以保证其存活,而对晚孵幼雏则不予喂食,直到饿死。

动物的生殖一般都有明显的时间节律,它们总是在环境条件最适宜、食物最丰富时进行生殖。若交配季节和生殖季节不一致,动物则通过妊娠期来调整,如果妊娠期太短,还可通过推迟卵子受精或推迟胚胎植入来延缓胎儿的发育,以保证在有利季节产仔。

(2)植物种群的生殖适应:植物与动物一样,也是把它们从外界摄取能量的一部分用于生殖,不同类型植物常采取不同对策。有些植物把较多的能量用于营养生长,分配给繁殖器官(花和种子)的能量较少,这些植物因此竞争力较强,但生殖力较弱,多年生木本植物就属这一类;有些植物则把大部分的能量用于生殖,产生大量的种子,如一年生草本植物。植物对生殖能量的再分配也有不同的对策,有些植物的种子极小,但数量很多,如某些兰科植物的 1 粒种子仅重 0.2 毫克;有些植物的种子大,但数量少,如椰树 1 粒种子重达 2 700 克。从生存竞争角度看,种子的大小要有利于传播、定居和避免动物取食才好,这和植物的生存环境密切相关。如果生境分散而且贫瘠,植物间的竞争一般不很激烈,植物便产小型种子,以量取胜,靠损耗大量种子来保证少量种子的存活;如果生境稳定而且适宜,植物间的竞争就会很激烈,植物便产生少量种子,以质取胜,靠降低种子的数量来增强种子和实生苗的竞争和定居能力。

随处可见的生态适应

(1)有关生存的行为生态:动物对环境变化采取行为生态适应随处可见。例如,几乎所有林栖凶猛动物捕食对策都是打埋伏、搞突袭,这是成功率很高而又节能的捕食方法。非洲狮最喜爱的食物是斑马,对付善于快跑逃脱的斑马,狮子通常采取家族围猎,它们会埋伏在斑马饮水必经之地,等待时机,找准一头捕猎对象,群起围捕猎杀,这些行为举措保证了捕食的成功。跳蚤这种外寄生昆虫,翅膀退化,后足特别发达,能由地面跃到宿主身上,这是跳蚤形态上对寄生生活的适应,而它那忽跳忽停闪电般的动作,使人眼花缭乱难以捉摸,跳蚤利用自己弹跳的方式求得生存,属于行为生态适应。螺厣(螺口的盖子)和贝壳遇敌干扰会紧紧地关闭,拒敌于"家门"之外。海参遇敌危急时会吐出整个内脏而使躯体得以逃脱,可谓"排肠断胃,丢卒保车",不久海参还会长出一副新内脏。壁虎遇敌紧急有自断尾部的行为,那段刚断下的尾巴还会跳动一阵子,把追捕者的注意力引开,让主体顺利逃离险境。鸟类筑巢、某些兽类挖洞、动物结群生活等行为,都有重要的适应意义。由于季节变更或繁殖需要,鱼类洄游、鸟类迁徙、一些兽类迁移、储粮、冬眠或夏眠、无脊椎动物蛰伏等,也都是与生存有关的生态适应。

(2)驯鹿的行为生态适应:驯鹿是冻原地带的代表性动物,研究驯鹿生态首要从它们对冻原生境的适应入手。冻原生境的主导因子——茫茫白雪并不是均匀分布于地面的,生活在每年有 9 个月下雪地方的动物,它们要对付各种不同状况的雪地——软的或压紧的或结了冰的雪地。长期的雪地生活使驯鹿在结构、生理和行为各方面产生了适应。驯鹿冬季的分布反映了动物对雪地性质行为上的适应性。初秋时分,大多数驯鹿离开冻原易遭冷风吹袭的雪地,向南迁移到针叶林带。在森林带驯鹿并非到处都能生活,必需找到积雪软、轻、薄、容易挖出雪下食物的地方。整个冬天里,这种能够提供驯鹿足够食物的斑状地块就像茫茫雪海中的"岛屿",这样的"岛屿"会随风移动,驯鹿自然也跟着移动。这点对于驯鹿群冬季飘忽不定的行踪,多少可以作出部分解释。

当生态学家对动物雪地行为适应知道得多一些时,有关某些原始北方兽类如猛犸象、柱牙象、披毛犀等完全绝灭的原因有了新的领悟。这些大型哺乳动物无疑适应少雪的干冷环境,而到上次冰期来临时,地面积雪又深又软,厚雪掩盖的面积一天天扩大,它们可能被困于各处暂时的无雪或少雪地区,但最终免不了被不停扩展的白色雪野吞没,就此在地球上失去了踪影。

协同增效的适应组合

生物对生态因子耐受范围的扩大或变动,几乎都涉及形态适应、生理适应以及行为生态适应。生物对环境条件的适应通常不限于单一的机制,往往涉及一组(或一整套)彼此相互关联的适应性,如同许多生态因子之间彼此关联、协同作用一样,生物对特定环境条件的适应也必定会表现出彼此之间的相互关联,这样一整套协同的适应就称为适应组合。

生活在极端环境条件下的生物,适应组合现象表现得十分明显。例如在干旱沙漠中的耐旱肉质植物(仙人掌类、景天类),当短暂的雨季时能大量吸收水分并贮存在其肉质膨大的组织器官中。这类旱生植物一方面靠贮存水分维持生命,一方面还尽量减少蒸腾失水。有些种类叶退化或变为刺,以绿色的茎和枝代行光合作用。同时它们属于景天酸代谢型,在夜晚温度较低时才张开气孔。总之,它们多方面对抗干旱,求得生存。又如生长在严寒极地和高山的植物,生境虽不缺水,但低温使植物不能吸收利用土壤水,处于生理干旱状态,很多种类不同程度地发展了对这种"冷干旱"的适应组合,如叶表皮增厚、气孔数目减少和叶边缘内卷等。

动物对干旱生境的适应主要涉及热量调节和水分平衡,两者密切相关,水分平衡更具关键意义。典型沙漠动物骆驼,具有一系列适应干旱缺水生活的特征组合。骆驼取食带有露水的植物枝叶或靠吃肉质多浆植物获得必需的水分,同时靠浓缩尿减少水分丧失;贮存在驼峰和体腔中的脂肪分解产生代谢水,辅助维持身体的水分平衡;骆驼身体还具有稍许放宽恒温标准的特性;骆驼红细胞的特殊结构,可以保证其身体脱水时不受损害,还能保证大量饮水后(血液含水量突增)细胞不致破裂。其他沙漠动物如沙鼠、三趾跳鼠等也表现出各自耐旱的适应组合。再举寄生虫的例子:人蛔虫是最常见的人体寄生虫,人的小肠是它们的寄生场所。蛔虫口周有三片唇,适于吸附在寄主的肠壁上;体表角质层可防止虫体被人的消化液侵蚀;简单的消化管适于吸食寄主半消化的食物;生殖器官十分发达,雌虫每天可产卵 20 万粒左右。人蛔虫这套适应组合是它长期寄生生活的结果,也是它们能够生存繁衍至今的保障。

总之,生活在低温、干旱、深海、高山高原、盐土、宿主体内等特殊或极端生境的生物,都显著表现有相应的适应组合特征。

非同一般的辐射和趋同适应

辐射适应和趋同适应这两类适应方式在自然界也很普遍,它们在论证环境塑造生物、生物适应环境以及环境影响生物的演化发展方向等方面,具有非同一般的重要意义。

(1)辐射适应:同一种生物长期生活在不同条件下,可能出现不同的形态结构和生理特性,这些变异特性往往具有适应意义,这种现象称为辐射适应(或称歧异适应),所形成的生物适应类型称为生态型。同一物种内部的这种生态分化,上世纪 20 年代就引起了生物学家的注意。瑞典遗传生态学家杜尔松(Turesson)通过移栽实验发现,一些有差异的同种植株栽培于相同条件下,经相当长时间后差异继续存在,说明这些差异源于基因的差别,是可以遗传的。因此,他将生态型定义为"一个物种对某一特定生境发生基因型的反应而产生的产物"。他认为物种的生态型是指种内适应于不同生态条件或区域的遗传类群。

现在一般认为生态型的概念包括以下三方面内容:① 绝大多数广泛分布的生物种在形态学和生理学的特征中表现出空间的差异;② 这些种内差异与特定的环境条件相联系;③ 生态学上的相关变异是可以遗传的。

从以上定义可以看出,生态型与分类学中的亚种是两个不同的概念。亚种是形态的、地理的和历史的分类学概念,多型种中的不同亚种,在分布上存在有地理隔离,每一亚种包含有一系列具有共同起源的种群和完整的地理分布,还有形态学上的明显区别。生态型是纯粹的生态适应的概念,在同一地区中,若生境存在差异,通常可发现不同的生态型。不同生态型的区别在于它们对环境的反应不同,有时反应在形态上,但也可以不表现在形态上。一个亚种可以包含一个生态型,也可以包含多个生态型。例如,籼稻和粳稻就是栽培稻的两个亚种,籼稻是最先由野生稻驯化形成的栽培稻,适宜生长于高温、强光和多雨的热带、亚热带地区,耐寒性弱,出米率低,米的黏性小、涨性大;粳稻则是在中纬度地区或低纬度高山地带温和气候条件下,由籼稻长期驯化演变形成的,耐寒性较强,出米率高,米的黏性大、涨性小。栽培稻按需水特性的不同又分为水稻和旱稻,旱稻是由水稻在无水层的旱地条件下长期驯化形成的一个生态型,既能在水田或洼地生长,又适于旱地种植,耐旱耐热。栽培稻按生长期的长短还分为晚、中、早稻等不同品种。

需要注意的是,辐射适应不仅表现在种内的生态型分化,而且在种间和类群间辐射适应的例子也普遍可见。在生物演化过程中,一群有亲缘关系的生物,由于长期生活在不同的环境中,久而久之逐渐朝向适应和占领各种生境分化,属于长期演化而来的辐射适应。例如,原始真兽在地球上出现以后,分别朝向占据水域、陆地、空中等不同生境演化,相应分化为水栖兽类

（鲸、海豹、海牛等）、树栖兽类（猿猴、树懒、树松鼠等）、地面奔跑兽类（羚羊、斑马、野牛等）、挖洞穴居兽类（穿山甲、鼹鼠、土豚等）、飞翔生活兽类（蝙蝠、飞鼠等）等不同生态类群。不同生态类型兽类的体形、四肢、尾部等形态结构都显示不同程度的特化。上述这些歧异辐射的事例由于渊源久远，不仅分化为不同的物种，甚至形成了更高等级的分类类群。

（2）趋同适应：趋同适应是指亲缘关系很远甚至完全不同的类群，长期生活在相似的环境中，表现出相似的外部特征和相近的生态习性。如蝙蝠的前肢不同于一般兽类，其形态和功能类似于鸟类的翅膀；鲸、海豚、海豹、海狮等分属于鲸目和鳍足目的海豹科和海狮科，它们长期生活在水环境中，身体都呈纺锤形，前肢也都发育成类似鱼鳍的形状；青蛙（两栖纲）、鳄（爬行纲）和河马（哺乳纲）分属不同纲，亲缘关系很远，但因为都生活在水中，都靠呼吸空气而生存，当它们的身体没入水中时，鼻孔和眼都可突出水面（图 3-7），表现出对水生生活的某些共同适应，是趋同进化的好例子。

图 3-7　相同生境中三种动物的趋同适应

植物中也不乏趋同演化的例证。适应干沙漠生活的仙人掌，具有能大量储水的肉质茎，叶子退化成刺；生活在与仙人掌类似环境的菊科仙人笔、大戟科霸王鞭及萝摩科海星花等，外形与仙人掌趋同（图 3-8），它们都属于多浆液型旱生植物。

a　　　　　　b　　　　　　c　　　　　　d

图 3-8　相同环境条件下植物的趋同适应
a. 仙人掌　b. 仙人笔　c. 霸王鞭　d. 海星花

环境的限制

我们知道,在环境条件适宜于生物生活的情况下,生物有着强大的生存潜能,会以很高的速度繁殖。如果繁殖不受到限制,每种生物可能很快就会占满了地球。就算小到肉眼看不见的草履虫,它们大约每 22 小时繁殖(分裂)一代,如果它们的后裔都能生存,不出半年,它们的总体积就和地球一样大。事实上自然界不会发生这样的情况。牡蛎一次可产卵 5 亿个,如全部都发育为成体,则只要 4 代,其子孙的体积便比地球大得多。事实上,99.9%以上的牡蛎卵都会死亡,只有极少数幼体能有机会附着岩石最终发育成熟。人蛔虫一昼夜可产卵 30 万粒,但这些卵不能直接在寄主体内发育,只有那些排出寄主体外、幸得存活而又被人吞入人体肠道的卵才能发育。事实上,生物过度繁殖,本身也会造成生存空间的竞争,挤迫的空间也会使良好的环境变为不良的环境。这就是环境的限制。

因此,我们在了解生物与环境相互关系的过程中,不但要看到生物与环境统一,也即生物适应环境这一面,而且也要看到适应是有限度的,也即统一性是相对的、暂时的、有条件的,而不统一才是绝对的、永远的、无条件的。环境本身是个复杂而多变的综合体,而自然选择与生物适应性的改变(基因突变或重组)都需要时间;并且生物发展了某一方面的适应性,必然削弱其他方面的适应性。例如,北极雪兔冬季毛色变白,这是对极地多雪环境的保护性适应,但在偶然少雪的年份雪兔毛色也要变白,这就与当时环境不协调了。因此,这种适应是相对的。

这些道理与辩证唯物主义基本原理是完全符合的。掌握动物与环境相互关系的基本原理,既可以丰富生态知识,又能够更深刻地领会辩证唯物主义观点。

生物与地球环境变迁

任何生物都离不开周围环境,都要受各种环境因子的制约。同时,生物在生命活动过程中不断改变着周围的环境,对环境起着其他因素无可取代的作用。

远古时代地球表面大气层中并没有氧气,是一种还原性环境,当时地球上的原始生物,都是厌氧生活类型,后来由于原始自养型生物(如化能自养细菌)的出现,它们将光合作用的产物(自由氧)释放到环境中,使地球早期环境及大气性质开始发生变化,逐渐从无氧向有氧环境转化。距今约 15 亿年前,地球表面由于光合作用产物的积累,大气中氧的浓度不断升高,不再是还原性环境,生物的代谢方式随之发生根本性改变,从厌氧生活发展到需氧生活。有氧环境加速了新陈代射,这是复杂生物进化的重要条件,这时开始出现真核细胞;7 亿至 5.7 亿年前地球表面氧气进一步增加,氧气更加充足,出现了多细胞有机体;当绿色植物出现在地球上并占有优势之后,大气成分趋于稳定,其中含有约 21% 的氧气,成为众生万物生命活动的基础元素。由此可见,地球环境的变迁和古生物类群的生命活动及其演化发展紧密相关。

现在全球生物的生产过程(光合作用)估计每年约生产 10^{17} 克(约 1 000 亿吨)有机物质,而一年中通过生物氧化变为 CO_2 和 H_2O 的有机物质,大约也是 1 000 亿吨,全球性的生产—分解大致上是平衡的。但是,这种平衡不是绝对和完全严格的,在地质史中曾发生过重大变化:在 6 亿～10 亿年前,地球上有机物质的生产过程略微超过分解过程,使地球大气的 CO_2 含量降低,O_2 的含量增加,并逐渐达到目前这个地质年代的大气含氧水平;大约在 3 亿年前,植物的生产过程明显超过分解过程,大量生物残体被埋在地层中,并变成了化石燃料(煤炭、石油、天然气),这是近代工业发展的能源基础。

绿色植物——环境卫士

植物与环境关系十分密切,对维护人类生活环境、保持生态平衡至关重要,尤其森林和草地是工农业乃至整个国土不可缺少的保障,起着调节气候、保持水土、涵养水源、固岸护堤、保田保路、美化环境、减轻污染等一系列有益作用。"山上多种树,天然贮水库,雨多它能吞,雨少它能吐",人们由衷地赞美森林和草地为"绿色宝库"。

(1)天然的氧气"制造厂":植物通过光合作用,吸收二氧化碳放出氧气,植物每吸收 44 克二氧化碳放出 32 克氧。试验证明,每公顷绿地每天能吸收 900 千克二氧化碳,生产 600 千克氧气。一个成年人,每天呼吸约需要 750 克氧气,放出 1 000 克二氧化碳。计算得知,约需 150 平方米的叶面积光合产氧量,才能满足一个成人一天的需氧量,也即每个人约需 10 平方米的绿地。因此,大量植树、种草、养花,既可美化环境,又能获得大量新鲜空气。

大气中二氧化碳含量应是稳定的,但随着工农业的迅猛发展,其含量逐年增高,造成了氧气与二氧化碳比例失衡,严重影响人类的健康。如何改变这种状况?还得靠绿色植物,即所谓"生产者"。所有生物中只有绿色植物才能把气、水、土中的营养成分转化为有机物质,同时放出氧气,这一过程就是光合作用。地球上的绿色植物好似一个庞大的氧气制造厂,每年大约向大气释放 4.6×10^{11} 吨氧,提供给一切需氧生物所需的氧源,维持大气含氧量的相对稳定。

(2) 天然的空气净化器:植物在光合作用过程中,不但放出氧气,吸收二氧化碳,而且植物同其他生物一样还进行呼吸。植物的呼吸作用是一个复杂的生理、生化过程,有多种呼吸类型和途径,在呼吸过程中产生多种中间产物,合成多种有机物质并释放出能量,呼吸过程实质上是氧化过程,不但可以增强植物体的抗病性,而且还能吸收环境中多种有毒有害气体。现在已知植物能吸收的有毒有害气体很多,如氟化氢、二氧化硫、氯气、二氧化氮、氨气、汞蒸气、铅蒸气等。试验证明,氟化氢通过 40 米的刺槐林带后浓度降低约 50%,一条高和宽各约 15 米的悬铃木林带后的二氧化硫浓度要比林带前低 50% 左右;臭椿、银杏、月季、忍冬、柑橘和柳杉等,可降低二氧化硫污染,1公顷柳杉林每年可吸收 720 千克二氧化硫;桑树、刺槐、桧柏、悬铃木、柳树等能大量吸收氟化氢;女贞、冬青、沙枣、紫杉等可降低氯气的污染;大豆幼苗能吸收氨气;夹竹桃、大叶黄杨等能吸收汞蒸气,栓皮栎、加杨、桂香柳等能吸收醛、酮、醇、醚等有毒气体。

水生植物对水体中营养盐类的吸收降解及对重金属元素的浓缩富集有很强的作用,可有效吸收水中的营养物质、降解有害物质,如金鱼藻、芦苇、水葫芦等能吸收污水中的汞和铅。水生植物对净化水质、保护水源有很重要的作用。

(3) 除尘灭菌,消减噪声:植被还是天然滤尘器。绿色植物特别是园林树木,对空气中的粉尘有很大的阻挡和过滤作用,因为植物叶子的表面粗糙且多绒毛,有些植物的叶子还能分泌油脂和黏液,可以阻挡、滞留和吸附空气中大量的粉尘。例如桧柏每立方米的吸尘量达 20 克。林地的吸尘能力比裸露地面高75倍。含有大量粉尘的气流通过森林时,风速下降,灰尘颗粒降落并吸附在枝叶上,空气得到了净化。积满灰尘的树木经雨水淋洗后,重新又恢复了吸附粉尘的作用。草地也有显著的减尘作用,它不仅能够吸附空气中的灰尘,而且还能固定地面的沙土。

植物在吸滞尘土的同时,还阻挡、过滤和吸附散布在空气中的各种病原微生物。更重要的是,有些植物如松柏类、樟树、桉树、丁香、天竺葵、柠檬、花椒等能够分泌挥发性杀菌素,从而消灭空气中的病菌。调查得知,1公顷松树林一昼夜能分泌3～5千克杀菌素,白桦林分泌2～3千克,桧柏林分泌多达30千克。据南京市的调查,松、柏林内1立方米空气中仅有500～700个细菌,而城市空气中细菌数量可高达数十倍;城市非绿化区的病菌量要比绿化区高7倍以上。可见植物杀菌素对消毒灭菌起着多么重要的作用。

某些植物体内存在杀菌物质,如黄连、黄柏、黄芩、大蒜、金银花、连翘、鱼腥草、穿心莲、马齿苋、板蓝根等,经提取加工可制造有效的天然药物。如大蒜精油杀菌素,对流感病毒、葡萄球菌、链球菌、双球菌、伤寒菌、痢疾杆菌及霍乱、白喉等致病菌均有杀灭功效。

噪声超过70分贝有害人体健康。植物枝叶能不定向反射、折射或吸收声波,从而有效地减弱噪声污染。林木有更强的减弱噪声的功能。据测定,6米宽的林带就有降低噪声的效果,10米宽的林带可减弱噪声30%,20米宽减弱40%,30米宽减弱50%,40米宽减弱60%。马路两侧的悬铃木(树冠宽12米)就能减弱噪声3～5分贝,36米宽的松柏、雪松林带可减弱噪声10～15分贝。林带是有效的隔音屏障,绿化可以创造安静的环境。

(4)保持水土,改善气候:植物不仅能够阻挡风沙袭击、防风固沙,而且其发达的根系与繁茂的枝叶能够滞留雨水、抗御流水的冲刷,防止水土流失。植被覆盖的地方,可保持良好的温湿度,植物通过光合作用,吸收大量的光能,降低空气温度。同时,植物的蒸腾作用也可降低大气温度、保持空气的湿度,对调节气候起显著作用。试验证明,一般建筑物吸收阳光仅约1/10的热量,而树木却能吸收阳光50%的热量,并能提高相对湿度10%以上。

城市人口密集、高楼林立、马路纵横、植被稀少,调节温度的能力差,而城市排放的煤灰、粉尘、锅炉产生的热量、废气等弥漫在城市上空,它们吸收长波辐射,增加温度;水泥建筑、柏油马路的吸热能力极强,在夏季烈日照射下,马路的温度要比土地的温度高 18℃,水泥屋顶温度比草地高达 20℃;白天大量吸热,夜晚持续散热,市区温度夜间也难下降,造成了"热岛效应"。"热岛效应"是指城市气温比周围地区高的现象,即气温以城市为中心向郊区递减。"热岛效应"能引发多种疾病,严重影响城市居民的生产与生活。防止和减轻"热岛效应"的方法很多,其中,加强绿化,广植树木花草,利用植物吸热增湿的效能来改善城市气候,是最好的方法。

植物在环境保护中具有任何要素不可取代的"造景"与"生态"双重功能,城市化的高速发展带来了诸多环境问题,改善的主要手段需通过园林植物来实现。植物可以重组城市的能量—物质交换,形成具有自我调节功能的良性循环的城市生态系统。近十多年来,许多地方提出了森林城市、园林城市、花园城市、生态城市等建设目标,尽管叫法不同,其共同点都是建立在以植物为主体的绿化基础上。

绿色植物既是保护环境的卫士,又是改善环境和美化环境的美容师。

神奇动物——环境魔术师

(1) 促进植物的繁殖和分布:动物对植物因素的作用最明显而又最容易为人所察觉。人人知道,许多昆虫携带花粉协助植物授粉,据统计,全球传粉生物超过 3 万种,其中许多膜翅类、双翅类、鞘翅类和鳞翅类是有名的授粉昆虫;热带有些以花蜜为食的小型鸟类如蜂鸟、太阳鸟等对植物传粉的作用也很著名。据统计,约有上千种鸟类主要靠花蜜和昆虫为食。全世界 80% 的被子植物靠虫媒或鸟媒传粉。动物传粉使植物得到充分授精的机会,提高果实和种子的产量和质量,并能增进植物的生活力。

近年来由于世界范围授粉动物资源多样性下降,2000 年联合国环境规划署(UNEP)在生物多样性公约缔约方大会上提出了保护和可持续利用授粉媒介的国际倡议,强调生物授粉在现代农业中的重要地位,生物授粉已经成为持续农业发展中不可缺少的重要组成部分。世界上为农作物授粉的昆虫种类很多,蜜蜂类是在生产中应用最广的授粉昆虫。

某些动物传播植物种子,耐人寻味的是有些植物种子很适于让动物来传播,它们具有特殊的构造如小钩、卷须、刺等,能够黏附在动物的毛皮上,便于被动物带走并散落他处。星鸦在针叶林地带主要以种子为食,在松籽丰收的年代,星鸦会大量贮备松籽,埋藏于倒木或枯树附近的苔藓落叶层中,来年发芽长出小树。因而星鸦被认为是针叶树种的主要传播者。太平鸟等以各种浆果为食,这些浆果通过鸟的消化道时,不仅不会失去发芽能力,而且某些种类的种子不经过鸟的肠管还不能发芽,与种子一起排出的鸟粪可能成为植物生命初期所必需的肥料。

(2)影响土壤的形成与性质:近年不断有新资料报道动物对土壤的影响。土壤中生活着无数无脊椎动物,包括大多数环节类、昆虫及其幼虫、线虫、纽虫、涡虫和许多原生动物。据估计,每公顷中等肥力土壤内有几十万条蚯蚓,活动深度可达2米。在土层上部几厘米的厚度内,每公顷约有几万只昆虫(幼虫占多数),其中以蚂蚁为最多。蚯蚓以腐烂的植物为生,每24小时消耗的分量等于它本身的体重;蚯蚓在土壤中钻孔,不仅可使腐殖质均匀地分布在土层中,而且还可提高土壤的通气和吸水能力,其排泄物可增加土壤肥力、滋生植物,甚至可减轻土壤侵蚀。蚯蚓不停地活动,每10年可造出厚2.5厘米的肥沃土层。

土壤动物的挖掘活动,改变土壤的结构、孔隙度和通气性。动物翻动土层并将各种有机物质(食物碎屑、尿、粪便等)带入土壤内,促使土壤微生物的数量增多,加速物质分解,从而改变土壤的化学性质及水热状况。另外,地上活动的动物,在土壤表面运动和取食,也不同程度地影响着土壤的形成。在荒漠和半荒漠地区,蚁类的活动对土壤的形成有很大的影响。

过去通常认为土壤形成过程主要决定于母质的特性、气候和植被等条件。但是新近研究土壤动物得知,动物在土壤形成中的作用是不能忽视的,就某种意义上说,没有动物的作用是不能形成真正土壤的。

(3)造礁珊瑚虫的杰作——珊瑚礁:在热带、亚热带海洋沿岸带,栖居着各种珊瑚虫,它们和腔肠动物海葵属于近亲一家,形态和构造也相似。不同的是:珊瑚虫水螅型的身体一般来说是很小的,但每一种珊瑚个体常集合形成独特的大群体。而且,许多种类珊瑚群体能够分泌石灰质的外骨骼,我们平日说的珊瑚礁或珊瑚岛,就是这些看不起眼的不能走动的小动物——造礁珊瑚虫的杰作。世界最著名的珊瑚礁要算澳大利亚东北海岸绵延2 000千米的大堡礁;波里尼西亚和密克罗尼西亚群岛的绝大部分岛屿也属珊瑚礁型;我国台湾有些街道是用珊瑚礁石铺砌的。

小小珊瑚虫竟有如此巨大的能量。这当然是有条件的:水温、海水透明度、水中的盐分含量以及珊瑚虫定居场所全都要适宜,还要有足够长的时间,珊瑚礁才会不断增高和扩大。珊瑚水螅体是以出芽方法来繁殖的,许多固定不动的珊瑚虫体构成了密密层层的群体,在死去了的珊瑚虫体上又长出了新的个体,这些个体又会为新一代所代替,天长地久,日积月累,便形成了珊瑚构成体。有人研究沉没在波斯湾的轮船得知:20 年里这艘轮船已长满了一层 60 厘米厚的珊瑚群体。珊瑚构成体每增高 1 米需 350~355 年。

一定有人会问,珊瑚虫分泌外骨骼,把自己禁锢在一个个自造的"小房子"中,这是什么道理。试想,在热带海洋频繁的强烈风暴面前,珊瑚虫能够安然生活在自己建筑起来的坚固壁垒中,个体生存、种族繁盛靠的就是这独特的造礁本领。一个个小小珊瑚虫肯定是弱不禁风的,但珊瑚骨骼集结一起形成的珊瑚礁,却是坚不可摧的,只要看那些钢铁巨轮对海洋中的明堡暗礁,避之唯恐不及,自当坚信不疑了。

(4)奇特地貌的建造者:

①"水利工程建筑师"——河狸。动物中能够改造环境、创建环境的,河狸当数第一。它们身怀独家本领,能够伐树、垒巢、建坝,凡是河狸生活或栖息过的地方,差不多都有一片池塘、湖泊或沼泽。这种景观多半是河狸建造的,难怪人们赞誉河狸为"水利工程建筑师"。它们总是孜孜不倦地把树枝、石块和软泥垒成堤坝,以阻挡溪流的去路,小则汇合为池塘,大则可成为面积达数公顷的湖泊,而且具有足够的深度,保证冬天结冰不致到达湖底。

河狸是当今体型最大的啮齿动物(体长 75~85 厘米,体重 18~25 千克),是高度适应水栖生活的兽类:尾巴肥大而扁平,形状像一片桨,在水中起橹桨的作用;趾间有蹼,善于划水,还能在水中一气潜泳 15 分钟;门齿强大而锐利,能啃断粗大的树干,也能在水中拖动浮木;嘴唇可在门牙的后面关闭,当它在水下活动时,水和杂物进不到嘴里;耳瓣膜在潜水时关闭,可防水进入耳内。

河狸伐木靠的是啮齿动物特有的越长越长、越咬越锋利的牙齿。在河狸栖息的地区,到处可以看到碗口粗细的树桩和用以建坝的大批树木。河狸为什么要做这种既费时又费力的工作呢?因为放倒树木,它才能够吃到树皮、树叶和嫩芽;把树木拖运到水中,才能避开陆地上狼、熊、狼獾、郊狼、美洲狮、猞猁等天敌的威胁,安全地享受生活;树木、枝杈是它们筑坝、垒巢的材料,树皮、树叶是它们储备过冬的食物。因此,河狸伐树、筑坝有重要的生态意义,它们筑的堤坝挡住水流、开辟小水域,扩大了活动的领域;它们还利用水位的升高,挖掘小"运河",以便运送木料和树枝;它们还把用枝条和软泥混建的巢穴,一半落在水中,一半架在水上;水坝可以保持稳定的水位,使巢穴中的"卧室"和"餐厅"保持干爽;巢穴的圆顶是密封的,上面只留一个气孔,冬季上冻后更加牢固,水下有一两个出入的通道,有利于阻挡严寒和天敌。这样河狸就为自己创造了一个舒适而安全的环境。

河狸曾广泛分布于欧、亚和北美大陆,两个世纪以前,河狸皮曾是世界头等名贵的毛皮之一,价值甚至超过黑貂皮和海狗皮。由于人们争相猎取,结果河狸的数量急剧衰落,其毛皮年产量由开始的百万张最后竟几乎为零。现在河狸在许多产地国已列入保护名单,在中国属于一类保护动物,新疆的布尔根河自然保护区就是专为保护河狸而建立的。

②"建筑设计师"——白蚁。白蚁是营群体生活的社会性昆虫,主要分布于热带和亚热带地区。白蚁身体表皮很薄,对寒冷和干燥十分敏感,又不耐强光照射,只有在温暖而潮湿的环境才能生存,白蚁种族发展了营巢筑穴、过隐蔽的地下生活的习性。白蚁营造地下巢穴时,它们挖出的泥土,用唾液、粪便和草根胶黏成块,堆集在巢穴外面,造成高高的土丘,人们称这类突出地表的白蚁巢为"蚁冢"。"蚁冢"高1～2米是很普通的,有的竟高达5米多,它们都是一群群白蚁王国子民们建造的家园,有几万、几十万甚至上百万只白蚁组成的群体居住在里面。

在热带稀树草原地区,无数白蚁群建造的座座蚁冢星罗棋布,形成一种特殊的生物地貌。

"蚁冢"不是白蚁的坟墓,而是它们的家室和乐园。巨大蚁冢厚厚的外墙硬如石头,不易为外力损伤;蚁巢接近地面处有管道网,可为内部的蚁室调节空气,使巢内的温度和湿度控制得很好;地下巢窝部分,就像精美的"宫殿",其规模宏大,内有王室、走廊、菌圃、蚁路等。例如土栖黑翅大白蚁的巢穴以主巢为中心,周围配备10～20个辐射状副巢。主巢大小如脸盆,是"蚁后"的居室,有许多隧道通达四周副巢,副巢之间又有弯曲的蚁路相通,所有巢穴都是圆形结构,巢壁光滑、坚固,都由红黏土颗粒、一口又一口混合工白蚁的唾液细嚼后吐出堆积而成的。大小巢穴都是穹隆形,中间并无支撑物,但可以承受各方面来的压力,完全符合工程力学的原理。更令人惊叹的是,靠近"王室"的各个副巢中央都设有菌圃,做成适合菌类生长的温床,在这里工白蚁培养了许许多多白色的菌株,并促使菌类繁殖滋生,以提供富于蛋白质和维生素的"粮食"喂养"蚁后"和幼蚁。宽大的主巢内更设有大菌圃,四周为结实的泥质内壁,壁上还加固有半圆形柱,大腹便便的蚁后即居住于此。白蚁称得上自然界的"建筑设计师"。

动物影响环境无处不在

　　动物影响、改变甚至创造环境的件件事例,展现了动物如同魔术师一般,有着改变环境的神奇魔力。绝大多数动物有益于环境,是人类的朋友,世界有了动物的参与,才显得和谐有生趣。实际上,动物对环境的影响随时随地都在发生,只不过有时人们不易察觉。例如,分布遍及全球的土壤动物跳虫,世界已知约 6 000 种,中国已知 193 种,它们生活在土壤中、杂草间、树皮下及蚁巢中,有些种类数量多得惊人,它们在分解生物残体、改变土壤理化性质、促进土壤物质循环和能量转化过程中起着重要作用。可是我们许多人对跳虫的存在却毫无所知,更谈不上保护和利用了。又如水中生活着多种浮游动物,大量繁殖会引起水的透明度降低,从而改变水体的光照条件。但浮游动物一般很小,人眼难以看清它们的存在,因而容易忽视它们的作用。

　　动物对环境的影响既有积极有益的一面,也有消极负面的影响。动物的益或害其实和它们的数量关系更大。通常动物以其巨大的数量影响甚至改变环境。如果生活条件适宜,营养充足,没有天敌,每种动物都有潜能去作惊人的繁殖,发生种群数量大爆发,即所谓虫口爆炸、鸟口爆炸、鼠口爆炸等,于是成群结队,抢吃作物、破坏草场、毁坏林木,酿成危害农林牧业的虫灾、鼠害、鸟兽害等动物灾害,成为人类防不胜防的冤家对头。例如,在牧区鼠害严重的地方,由于害鼠的挖掘活动,致使草原上洞穴与鼠道纵横交错,减少了生草面积,加重了风沙侵蚀、水土流失,严重地区导致草原沙化或荒漠化,鼠害是草场退化的重要原因之一。

四、生物群落基本知识

生物群落的定义

群落的概念最初来自植物生态学的研究。早在1807年近代植物地理学创始人洪保德（A. Humboldt）首先注意到自然界植物的分布遵循一定的规律而集合成群落。他还指出，每个群落都有特定的外貌，它是群落对生境因素的综合反应。1877年德国学者默比乌斯（K. Möbius）在研究牡蛎种群时注意到不同动物种群的群聚现象，发现鱼类、甲壳类、棘皮类等其他动物群总是与牡蛎群形成比较稳定的整体，他称此为生物群落。随后一些著名生态学者也对生物群落的概念作了探讨。目前，生物群落（biotic community）被定义为：特定时间和空间中各种生物种群之间以及它们与环境之间通过相互作用而有机结合的具有一定结构和功能的复合体。在这个定义中首先强调时间的概念，其次强调相同的地区。因为随着时间和空间的变化，生物从组成到结构都会发生变化。还应注意，物种在群落中的分布是有序的，这是群落中各种群之间以及种群与环境之间相互作用、相互制约而形成的。

生物群落是一个相对于生物个体和种群来说更高层次的生物系统，它具有个体和种群层次所没有的特征和规律。群落概念的产生，使生态学研究形成了新的领域——群落生态学。群落生态学是研究群落与环境相互关系的科学。由于自然界中动物、植物和微生物总是互相依存、密切相关，因此最有成效的群落生态学研究，应是对动物、植物以及微生物群落研究的有机结合。群落生态学的研究目前已经形成了比较完整的理论体系，它具有重要的实践意义。例如要控制害虫（蚊子），最好改变它所在的水生群落，包括变动水平面、养鱼放鸭等,这比直接用化学药物毒杀更有效、经济而环保。

生物群落的基本特征

生物群落具有一系列可以描述和研究的属性,这些属性只在群落总体水平上才有,而在个体和种群水平上并不具有。

(1) 具有一定的种类组成:每个群落都由一定的植物、动物及微生物种群所组成,因此,种类组成是区别不同群落的首要特征。组成群落物种的多少及各物种种群的大小或数量是量度群落多样性的基础。

(2) 群落物种间相互影响:生物群落不是种群之间的简单集合,群落中的物种有规律地共处,并非随便一些物种的任意组合便成为群落。一个群落的形成和发展必须经过生物对环境的适应和生物种群之间的相互磨合。哪些物种能够组合在一起构成群落,取决于两个条件:一是必须共同适应它们所处的无机环境;二是它们内部的相互关系必须取得协调、平衡。因此,研究群落中不同种群之间的关系是阐明群落形成机制的重要内容。

(3) 一定的外貌和结构:生物群落由一定的物种组成使其具有另一重要特征,即一定的群落外貌和结构特点,包括植物的生长型(如乔木、灌木、草本和苔藓等)和群落结构(形态结构、生态结构与营养结构)、成层性、季相变化(指由季节引起的群落外貌变化)、捕食关系、竞争关系等。

(4) 形成群落环境:生物群落对其所在环境产生重大影响,并形成群落环境。如森林群落具有形成森林环境的功能。森林环境(包括温度、光照、湿度与土壤等)与草地或裸地有明显的不同。即使是生物非常稀疏的荒漠群落,对土壤等环境条件也有明显的改善。然而并不是组成群落的所有物种对形成群落环境都起同等重要的作用。在每个群落的众多物种中,可能只有很少的种类凭借自身的特性(大小、数量和活力)对群落产生重大影响,这些种类就是群落的优势种。优势种具有高度的生态适应性,常常在很大程度上决定着群落内部的环境条件,因而影响和制约着其他种类的生存和生长。

(5) 一定的分布范围:每个群落都分布在特定地段或特定生境,不同群落的生境和分布范围不同。无论就全球范围还是从区域角度来看,不同生物群落都是按一定的规律分布的。

（6）一定的动态特征：生物群落是具有生命的，生命的特征是不停地运动、变化，群落也是如此。群落随时间的变化包括季节动态、年际动态、群落演替与演化等。群落随空间的不同或改变也会发生相应的变化。

（7）群落的边界特征：在自然条件下有些群落具有明显的边界，如池塘、湖泊、岛屿等的边界，可以清楚地加以区分；有些群落处于连续变化中，如典型草原和荒漠草原之间有过渡带，不具有明显的边界。

生物群落的种类组成

种类组成是决定群落性质、外貌最主要的因素，也是鉴别不同群落类型的基本特征。如森林、草原、荒漠和冻原等群落根据外貌就可区别；就森林进一步来看，针叶林、夏绿阔叶林、常绿阔叶林和热带雨林等，它们的外貌也有明显区别。每一生物群落包含的种类不同，它们在群落中的地位和作用也各不相同，群落的类型和结构因而也不同。可根据各个种在群落中的作用而划分群落成员型。在植物群落研究中，常用的群落成员型有以下几类：

（1）优势种：对群落的结构和群落环境的形成有明显控制作用的物种称为优势种，它们通常是个体数量大、生物量高、体积较大、生活能力较强，即优势度较大的种。如冻原的优势植物是耐寒低矮的多年生灌木、苔藓和地衣，优势动物是驯鹿、旅鼠等。优势种对整个群落具有控制性的影响，如果把群落中的优势种去除，会引起群落性质和环境的变化；若去除的是非优势种，群落只会发生较小的或不显著的变化。

（2）建群种：植物群落的不同层次可以有各自的优势种，其优势层的优势种称为建群种。比如乔木层的优势种就是某森林群落的建群种。如果群落中的建群种只有一个，该群落称为"单建群种群落"或"单优种群落"。如果具有两个或两个以上同等重要的建群种，就称为"共优种群落"或"共建种群落"。

（3）亚优势种：亚优势种指个体数量与作用都次于优势种，但在决定群落性质和控制群落环境方面仍起着一定作用的物种。

（4）伴生种：伴生种为群落的常见种类，它与优势种相伴存在，但不起主要作用。

（5）偶见种或稀有种：指群落中种群数量稀少、出现频率很低的种类。

偶见种可能偶然地由人们带入或随着某种条件的改变而侵入群落中,也可能是衰退中的残余种。有些偶见种的出现具有生态指示意义,有的可能是地方种。

平常人们所说的优势种、稀有种,就是从群落成员的角度来说的。需要指出的是,同一物种在不同的群落中可能以不同的群落成员型出现。

生物群落的结构类型

(1) 群落的垂直结构:成层性是群落结构的基本特征之一,群落的垂直结构是指群落在空间中的垂直分化或成层现象。陆生植物群落的成层现象包括地上成层和地下成层。决定地上分层的环境因素主要是光照、温度和湿度等条件;决定地下分层的主要因素则是水分和养分等土壤的理化性质。植物群落所在地的环境条件愈丰富,群落的层次就愈多,结构也愈复杂;群落层次愈少,结构也愈简单。通常热带雨林的垂直结构最复杂,其乔木层和灌木层可各分为 2~3 层,而寒温带针叶林群落的乔木层和灌木层都只有一层。

一个发育完的森林群落通常可划分为乔木层、灌木层、草本层和活地被层四个基本层次。在各层中又可按叶和枝在空中排列的高度划分亚层。林业上称乔木的地上成层结构为林相,还把高度相差不超过 10% 的所有树木划为同一亚层。

植物群落的地下成层是由不同植物根系在土壤中达到的深度不同而形成的。最大的根系生物量集中在土壤表层,土层越深,根量越少。地下成层分为浅层、中层和深层。

在层次划分时,将不同高度的幼树划归其所达到的层。另外,生活在乔木不同部位的地衣、藻类、寄生及藤本攀缘植物(也叫层外植物)通常也归入相应的层。

生物群落中动物的分层现象也很普遍,主要与食物的分布有关,因为群落的不同层次提供不同的食物;还与不同层次的微气候条件有关。有些动物可同时利用几个层次,但总有一个偏喜的层次。水生浮游动物也有垂直分层现象,强光照的白天它们移入较深的水层,夜间上升到表层活动。影响浮游动物垂直移栖的因素主要是阳光、温度、食物和水中含氧量等。

成层分布是群落中各种群间及种群与环境间相互竞争或选择的结果，成层不仅能缓解植物之间争夺阳光、空间、水分和矿质营养的矛盾，而且通过各层互补，可扩大利用环境资源的范围。群落成层性的复杂程度是对生态环境的一种指示，据此可以对环境作出判断。良好的生态条件，成层结构复杂；极端不良的生态条件，成层结构简单，如冻原生物群落就十分简单。

（2）群落的水平结构：群落的结构特征还表现在水平方向。群落水平结构是指群落在空间的水平分化或镶嵌现象，这是植物个体在水平方向分布不均匀造成的，从而形成许多小群落。小群落的形成则起因于生态因子的不均匀性，如小地形的变化、土壤湿度或盐碱程度的差异及动物活动和人类影响等；生物本身的特性，尤其是植物的繁殖与散布特点及竞争能力等，对小群落的形成也有重要作用。小群落就像群落中的一个个斑块，它们彼此组合，形成了群落的镶嵌性。

（3）群落的时间结构：时间结构是指群落结构在时间上的配置，它也是生物群落的动态特征之一。群落外貌、物种组成和数量升降的周期性变化是极普遍的自然现象，尤其动物群落表现最为明显。自然环境中的许多因素，本身就存在强烈的时间节律：一年中的春去冬来，一月中的朔望转换，一天中的昼夜更替，形成了自然界的年周期、月周期和日周期的变化。群落中有机体在长期进化过程中，其生理、生态与这些自然节律相适应，构成了生物群落的周期性变动。

生物群落随季节而呈现不同的外貌称为季相，群落外貌随季节的变化就是季相变化。不同群落类型有不同的时间结构。群落的季相变化在温带地区十分显著，如温带草原群落一年中有4～5个季相；温带落叶阔叶林群落的周期性也很突出，当早春草类叶茂花开时，多数夏季草类刚开始生长，灌木仅开始萌芽，而乔木还在冬眠；但当夏季到来、树木披绿时，早春植物结束营养期，以种子、根茎或鳞茎休眠；秋末植物开始干枯，呈现红黄相间的秋季季相。冬季季相则一派枯黄。温带草原动物群落的季相变化也很明显，秋季蒙古鼠兔等储存食物准备过冬，冬季候鸟和有蹄类向南迁移，旱獭、黄鼠等啮齿类冬眠。

生物群落的动态与演替

任何一个群落都不是静止不变的,随着时间的进程,其外貌和结构处于不断变化和发展之中。生物群落的动态包括三方面内容:群落的内部动态;群落的演替;地球上生物群落的进化。这里着重讨论前两个问题。

(1)生物群落的内部动态:生物群落的内部动态指群落的季节变动和年际变化。群落的季节变化受环境条件(特别是气候)周期性变化的制约,并与生物种的生活周期相关联。群落的季节动态是群落本身内部的变化,并不影响整个群落的性质。年际变化就是不同年度生物群落的明显变动。这种变动也限于群落内部,不产生群落更替现象,通常称为波动。群落的波动多数是由群落所在地区气候条件的无规则变动引起的。波动发生时,群落在生产量、各成分的数量比例以及物质和能量的平衡方面,会发生相应的变化,但这种变化具有可逆性。

不同生物群落波动强弱有所差别。一般说来,木本植物占优势的群落较草本植物为主的群落稳定;常绿木本群落要比夏绿木本群落稳定。在一个群落内部,许多定性特征(如种类组成、种间关系、分层现象等)较定量特征(如密度、生物量等)稳定一些;成熟的群落较发育中的群落稳定。不同的气候带群落的波动性也不同,环境条件越是严酷,群落的波动越大。

还应指出,虽然群落波动具有可逆性,但这种可逆是不完全的。一个生物群落经过波动之后的复原,通常不是完全地恢复到原来的状态,而只是向平衡状态靠近。量变积累达到一定程度有可能发生质的改变,从而引起群落基本性质的变动,导致群落的演替。

(2)生物群落的演替:所谓生物群落演替是指某一地段上一个群落被另一群落所取代,是质的变化过程。演替是群落内部种内和种间关系与外界环境中各种生态因子综合作用的结果。

影响群落演替的主要因素有:① 植物繁殖体的迁移、散布和动物的迁移活动。任何一块裸地上生物群落的形成发展,或是一个老群落为新群落所取代,其先决条件都必然包含有生物的迁移、散布、定居和繁衍的过程。② 群落内部环境的变化。有些情况下,群落内物种的生命活动造成了不利于自身的生存环境,以致原有的群落解体,为其他生物的生存提供了有利条件,从而引起演替。另外,由于群落中植物种群特别是优势种的发育而导致群落内光照、温度、水分状况的改变,也可为演替创造条件。例如,在森林采伐后的林间空旷地段,首先出现的是阳性草本植物。但当喜光的阔叶树种定居下来并在草本层以上形成郁闭树冠时,阳性草本群落便会被耐阴草本群落取代。③ 外界环境条件的改变。决定群落演替的根本原因存在于群落内部,但群落之外的环境条件诸如气候、地貌、土壤和火等因素常可成为引起演替的重要条件。无论长期的还是短暂的气候变化,都会成为演替的诱发因素。地表形态(地貌)的改变会使水分、热量等生态因子重新分配,从而影响到群落本身。大规模的地壳运动(冰川、地震、火山活动等)可使大范围生物毁灭,从而使演替从头开始。小规模的地表形态变化(如滑坡、洪水冲刷)也可以改变一个生物群落。火也是诱发群落演替的重要因子,火烧可造成大面积次生裸地,演替可从裸地上重新开始。④ 种内和种间关系的改变。它们的关系随着外部环境条件和群落内环境的改变而不断地变化、调整,进而使群落特性改变。⑤ 人类的活动。目前人类活动影响巨大而迅速。如人为火烧、采伐森林、开垦土地等,都可使生物群落迅速改变面貌。生境破坏和环境污染可致生物群落不可恢复的毁坏。人还可以经营、抚育森林,管理草地,治理沙漠,使群落演替按照不同于自然发展的道路来进行。人甚至可以建立人工群落,将演替的方向和速度置于人为控制之下。

(3) 群落演替的基本类型:按照演替发生的时间进程可区分:① 世纪演替,演替延续时间相当长久,一般以地质年代计算,常伴随气候的历史变迁或地貌的大规模改变而发生。② 长期演替,指延续几十年,有时达几百年的演替。红松林被采伐后的恢复演替可作为长期演替的例子。③ 快速演替,指短短几年内发生的演替,如面积不大且就近有种子传播的草原撂荒地。

按照演替发生的起始条件划分为:① 原生演替,开始于无任何植物繁殖体存在的原生裸地或原生荒原。② 次生演替,开始于次生裸地或次生荒原(不存在植被,但在土壤或基质中保留有植物繁殖体)上的群落演替。

按照基质的性质分为:① 水生演替,演替开始于水环境中,但一般都发展到陆地群落。如淡水湖泊或池塘中水生群落向湿生及中生群落的演变过程。② 旱生演替,演替开始于干旱缺水的基质。如裸露的岩石表面上生物群落的形成过程。

按照控制演替的主导因素划分为：① 内因性演替，这类演替的显著特点是，群落中生物（主要是建群种）生命活动的结果首先改变了生境，而后生物群落本身也发生变化。内因性演替是群落演替基本和普遍的形式。② 外因性演替，由于外界环境因素的作用所引起的群落变化。如气候性演替、土壤性演替、地貌演替、火成演替和人为演替（人类的生产及其他活动如砍伐森林、割草、放牧、开荒等直接影响植被而导致的演替）等。

（4）演替系列：生物群落的演替从植物定居开始到形成稳定的植物群落为止，这个过程叫做演替系列。演替系列中的每一个明显的步骤，称为演替阶段或演替时期。

对原生演替系列的描述，通常采用从岩石表面开始的旱生演替和从湖底开始的水生演替作为例子。岩石表面和湖底代表极干和多水两种极端生境，在这样的生境开始的群落演替，其早期阶段群落中植物的组成几乎都是一样的。因此，可以把它们当作模式来加以描述。

水生演替系列：一般水深5～7米的淡水湖泊，湖底才有较大型水生植物生长；水深超过7米，水底便是裸地了。依据淡水湖泊湖底由深变浅的过程，水生演替系列将依次出现以下演替阶段：① 自由漂浮植物阶段，此阶段植物漂浮生长，如浮萍、满江红以及浮游藻类等，它们的死亡残体聚积湖底，雨水冲刷湖岸及入湖河流带来的矿物质也会淤高湖底。② 沉水植物阶段。在水深5～7米时，湖底最先出现轮藻（称为先锋植物），其生物量相对较大，使湖底有机质积累加快。当水底变浅至2～4米时，金鱼藻、眼子菜、黑藻等开始大量生长繁殖，垫高湖底的作用更加强烈。③ 浮叶根生植物阶段。随着湖底日益变浅，开始生长浮叶根生植物如莲、睡莲等。这些植物残体的生物量更大，进一步淤高抬升湖底，再者其叶片密集漂浮水面，使水下光照变差，迫使沉水植物向较深的湖底转移，这又促进了垫高湖底的作用。④ 直立水生植物阶段。湖底变浅为挺水植物芦苇、香蒲等的繁衍创造了良好条件，并最终取代了浮水植物。这类植物的根茎极为茂盛，常交织一起，使湖底更迅速地抬高，有的地方甚至形成"浮岛"。原来被水淹没的土地露出水面，开始具有陆地生境的特点。⑤ 湿生草本植物阶段。从湖中出露的地面，有机质丰富，土壤水分近于饱和，喜湿的沼泽植物如莎草科和湿生禾草类开始在此定居。若此地带气候干旱，随着生境中水分的丧失，旱生草类将逐渐取代湿生草类。若该地区适于森林的发展,则该群落将会继续向森林方向演替。

⑥ 木本植物阶段。在湿生草本植物群落中,最先出现的木本植物是灌木,而后随着树木的侵入,逐渐形成了森林,湿生生境最终改变为中生生境。

由此看来,水生演替系列就是湖泊填平的过程。这个过程是从湖泊的周围向湖泊中央循序发生的。因此,在从湖岸到湖心的不同距离处,能够观察到演替系列中不同阶段群落环带的分布。可以说,每一带都为后一带的"入侵"准备了土壤条件。

旱生演替系列:从环境条件极端恶劣的岩石表面或沙地上开始,包括以下演替阶段:① 地衣植物群落阶段。岩石表面无土壤、光照强、温度变化激烈、贫瘠而干燥。这样的环境最先出现的通常为壳状地衣。地衣分泌的有机酸腐蚀坚硬的岩石表面,加上物理风化,岩石表面出现了掺和地衣残体有机成分的小颗粒。接着叶状地衣和枝状地衣继续作用于岩石表层,使其更加松软,岩石碎粒中的有机质逐渐增多。其后地衣植物群落创造的较好生境,反而不适于自身的生存,却为较高等植物类群创造了生存条件。② 苔藓植物群落阶段。在地衣群落发展后期开始出现苔藓植物。苔藓植物也能耐受极端干旱,其植株比地衣大得多,大量繁殖可以积累更多的腐殖质,同时对岩石表面的改造作用更加强烈,岩石颗粒变得更细小、松软层更厚,为土壤的发育创造了条件。③ 草本植物群落阶段。群落演替继续发展,禾本科、菊科、蔷薇科等的一些耐旱种类开始入侵,种子植物对环境的改造作用更加强烈,小气候和土壤条件更有利于植物的生长。若气候适宜,该演替系列可能向木本群落方向发展。④ 灌木群落阶段。草本群落发展到一定程度时,一些阳性灌木开始出现,常与高草混生形成高草—灌木群落。其后灌木数量大增,成为灌木占优势的群落。⑤ 乔木群落阶段。灌木群落发展到一定时期,为乔木的生存提供了良好条件,阳性树木开始增多,逐渐形成了森林。最后形成与当地大气候相适应的乔木群落,也即地带性植被。地带性植被的形成标志着这一群落的自然演替已经到"顶"了,最后形成的群落就叫顶极群落。

由此可以看出,旱生演替系列就是植物长满裸地的过程,是群落中各种群之间相互关系的形成过程,也是群落环境的形成过程,只有在各种矛盾都达到统一时,裸地才能形成一个稳定的群落,到达与该地区自然环境相适应的顶极群落阶段(图 4-1)。

图 4-1　一处针叶林植物群落的演替及其动物群的变化

在植物群落形成过程中,土壤的发育和形成与植物的演化是协同发展的,不能说先有土壤后有植物的演化,或先有植物群落的演化才有土壤的形成,而是二者协同发展、相互依存。在植物群落形成和发展的同时,栖居其中的动物群也随着变动和演替。

五、陆地生物群落

生物圈有三类主要生境,即陆地、海洋和淡水,地球上主要生物群落类型相应区分为陆地生物群落、海洋生物群落和淡水生物群落。此外,湿地是水陆交界处的一类特殊生境,分布着湿地生物群落。

与水域生境相比,陆地环境中水分是主要限制因素,温度变化和极端性更明显;地球陆地是不连续的;不同地区陆地环境不同,气候条件(主要指热量和水分)分布不均,各地地理环境有着不同生态因素的组合,这是各种陆地生物群落存在和发展的前提。

地带性分布规律

地球表面的热量是随所在纬度的位置而变化的,水分则随着距离海洋的远近以及大气环流和洋流等特点而变化。水热结合导致植被的地带性分布,从而决定生活在其中的相应的地带性动物群落。地球生物群落的分布,一方面沿纬度方向呈带状发生有规律的更替,称为纬向地带性;另一方面从沿海向内陆方向呈带状发生有规律的更替,称为经向地带性。此外,在地球各处的高山高原地带,生物群落还表现出因垂直高度不同而呈现的垂直地带性规律。纬向地带性和经向地带性合称为水平地带性。

(1)纬向地带性规律:太阳辐射是地球表面热量的主要来源,随着地球各地纬度的不同,地球表面从赤道向南、北形成了各种热量带。植被也随着这种规律依次更替,形成植被的纬向地带性分布。世界植被纬向地带性分布规律是:北半球大陆东部沿纬度方向自北向南依次出现寒带的冻原、寒温带的北方针叶林、温带的夏绿阔叶林、亚热带的常绿阔叶林以及热带雨林。

欧亚大陆中部与北美中部,自北向南依次出现冻原、针叶林、夏绿林、草原和荒漠植被。动物群落的分布随着植被群落的变化也呈现明显的纬向地带性规律。但陆地生物群落的这种分布规律是相对的,在一些地区受海陆位置、地形、洋流性质、大气环流以及人为因素的强烈影响,出现了"带断"的现象,例如,热带多雨地区分布热带雨林,热带干旱地区则为热带旱生林或稀树草原。地球生物群落的纬向地带性分布以理想大陆的模式图来表示(图 5-1)。

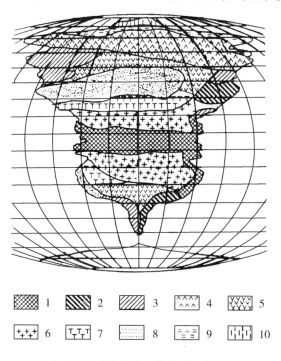

图 5-1 理想大陆植被分布模式图

1. 热带雨林 2. 常绿阔叶林 3. 落叶阔叶林 4. 北方针叶林 5. 温带草原
6. 热带稀树草原 7. 干旱灌丛及草原 8. 荒漠 9. 冻原 10. 冻荒漠

(2)经向地带性规律:生物群落分布的经向地带性分布主要与海陆位置、大气环流和地形相关,一般规律是从沿海到内陆,降水量逐渐减少,群落也出现明显的规律性变化。以北美地区为例,它的两侧都是海洋,其东部降水主要来自大西洋的湿润气团,雨量从东南向西北递减,相应地依次出现森林、草原和荒漠。北美大陆西部受太平洋湿润气团的影响,雨量充沛,但被经向纵贯的落基山脉所阻挡,因而森林仅限于山脉以西。所以,北美东西沿岸地区为森林群落,中部为草原和荒漠群落。植被从东向西依次出现森林→草原→荒漠→森林群落的更替,表现出明显的经向地带性。

(3)中国生物群落的分布规律:中国植被及其动物群的纬向地带性分布可分为东西两部分。在东部湿润森林地区,自北向南依次分布有寒温带针叶林→温带落叶阔叶林→亚热带常绿阔叶林→热带季雨林、雨林;西部位于亚洲内陆腹地,受干旱大陆性气候的制约,但该区自北向南东西走向的一系列巨大山系,打乱了这里的纬向地带性规律,因此,西部自北向南生物群落纬向变化为:温带半荒漠、荒漠带→暖温带荒漠带→高寒荒漠带→高寒草原带→高寒山地灌丛草原带。中国生物群落分布的经向地带性在温带地区特别明显。从东南至西北受海洋性季风和湿润气流的影响程度逐渐减弱,依次为湿润、半湿润、半干旱、干旱和极端干旱的气候,相应出现东部湿润森林生物群落、中部半干旱生物群落、西部干旱荒漠生物群落。

(4)垂直分布规律:生物群落因所处高度带不同而呈现垂直地带性分布。一般来说,从山麓到山顶,气温逐渐下降,而湿度、风力、光照等其他气候因子逐渐增强,土壤条件也发生变化,在这些因子的综合作用下,导致植被及动物群落随海拔的升高依次呈带状分布,大致与山体的等高线平行,并有一定的垂直厚度,生物群落的这种分布规律称为垂直地带性。在一个足够高大的山体,从山麓到山顶生物群落垂直带系的更替变化,大体类似于该山体基带所在的地带至极地的水平地带性生物群落系列(图5-2)。因此,有人认为,群落的垂直分布是水平分布的"缩影"。但垂直带和其相应的水平带两者之间仅是外貌结构上的相似,而绝不是相同。例如亚热带山地寒温性针叶林与北方寒温带针叶林,在植物组成、性质等方面

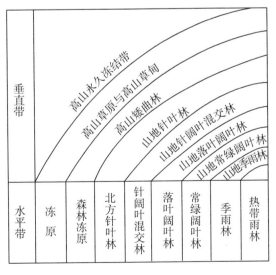

图 5-2　垂直地带性与水平地带性的关系示意图

都有很大差异。这主要是因亚热带山地的历史和现代生态条件与寒温带地区极不相同而引起的。而且高山地带优势动物类群与平原地带同类动物在种类组成、适应方向等方面也有本质的区别。

山地生物群落垂直带的组合排列和更替顺序构成该山体生物的垂直带谱,不同山地有不同的植被和动物群落带谱,这一方面受所在水平带的制约,另一方面也受山体高度、山脉走向、坡度、基质和局部气候等因素的影响。例如中国温带的长白山,从山麓至山顶依次出现落叶阔叶林、针阔叶混交林、云杉和冷杉暗针叶林、矮曲岳桦林、小灌木苔原等垂直带,这同起自中国东北向前苏联远东地区直到寒带所出现的植被水平地带性基本相似。

热带雨林生物群落

热带雨林一般指耐阴、喜雨、喜高温、结构层次复杂而不明显、层外植物极为丰富的乔木植物群落,热带雨林植被及栖居其中相应的动物群共同构成热带雨林生物群落。

(1)地理分布及生境条件:热带雨林分布于赤道附近南北纬 $5°\sim10°$ 的热带雨林气候地区。在南美见于亚马逊河流域;中非分布于刚果河流域及马达加斯加东部沿岸;亚洲主要分布于菲律宾群岛及大小巽他群岛、马来半岛、中南半岛东西两岸、印度、斯里兰卡和中国南部;大洋洲也有小面积分布(图 5-3)。

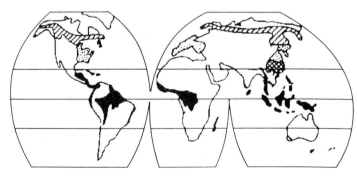

图 5-3 世界主要森林类型的分布

热带雨林地区年平均气温 24～28℃,但气温日变幅达 6～11℃,属日周期型气候,最冷月平均温度 18℃ 以上,强辐射正平衡。年降水量 2 000～4 000 毫米,局部地区雨量高达 10 000 毫米。降雨全年分配均匀。终年高温多雨,空气湿润,无明显季节变化。生物循环旺盛,有机质分解迅速,土壤中腐殖质及营养元素含量相对贫乏,地带性土壤属于铁铝土类,小部分为低活性强酸土。

(2) 植被特征:

① 种类组成极为丰富。据统计,组成热带雨林的生物种类约占全球已知种类的一半,高等植物在 45 000 种以上,仅树木就多达上千种,在 10 平方千米的热带雨林中就含有 1 500 种开花植物和 750 种树木。在生物种类最丰富的马来西亚半岛热带低地雨林中约有 7 900 种植物,龙脑香科是那里的主要植物类群之一,多达 9 属 55 种。动物类群同样十分丰富。雨林中的种类组成之所以这样丰富,除有利的环境条件之外,热带陆地的古老性也是重要原因。

② 群落结构十分复杂。热带雨林结构复杂,生态位分化极为明显,植物对群落环境的适应达到完善的程度,每一个种的存在,几乎都以其他种的存在为前提。乔木一般分三层,第一层高 30～40 米,层层叠叠,生长极密。乔木层之下为幼树及灌木层,最下层光照很差,为稀疏的草本层,地面裸露或有落叶。藤本及附生植物发达,其中木质大藤本高可达第一乔木层,有的紧紧缠绕甚至杀死藉以支持的树木,被称为"绞杀植物";小藤本多为单子叶植物或蕨类。附生植物种类繁多,从藻、菌、地衣、苔藓、蕨类到高等有花植物(兰科、凤梨科等)都有,它们分别附生在其他乔木、灌木或藤本植物的枝叶上。附生植物的根从不到达地面,在附着的植物上从空气、雨水和有机腐烂物中吸收营养。

③ 雨林植物具有特殊构造。上层乔木树干高大,常生有支柱根和板状根;树皮光滑;叶子多数大型、常绿、革质坚硬,常含有大量二氧化硅;叶有光泽,具一定旱生结构,这与乔木上层日照强、风大、蒸发强烈有关。雨林植物芽无鳞片保护;茎花现象(即花直接生在无叶的木质茎上)很常见;多昆虫传粉植物。灌木层种类丰富,一般很少分枝,叶大而薄,气孔常开放,具泌水组织,有的叶还具滴水叶尖。雨林灌木叶子不具有旱生特征。

④ 无明显季相变化。组成雨林的各种植物终年生长,但仍有其生命节律。乔木叶片平均寿命 13～14 个月,叶子零星凋落,新叶也是零星长出,四季都能开花,但每种植物有个或多或少明显的盛花期。雨林群落生产率很高,为种类繁多的动物提供常年丰富的食物和多种多样的隐蔽场所,因此这里也是地球上动物种类最丰富的地区。

(3) 动物群特征:

① 地球上动物种类最丰富的群落。热带雨林动物群组成复杂,具有许多特有的科、属、种。例如,分布在中国的阔嘴鸟科、鹦鹉科、犀鸟科、鞘尾蝠科、鼷鹿科、象科、懒猴科和长臂猿科等,其分布界限都不超过热带森林的北界。亚洲的长臂猿,非洲的大猩猩、黑猩猩、紫羚羊、霍加狓,南美洲的树懒等,都是热带森林特有的类群。多数热带雨林动物为狭生态幅种类,狭食性种类很多。由于生物种类丰富和狭适应性,使得食物链特别错综复杂,共生、寄生等现象也比较普遍。但动物种的优势现象很不明显,考察者惊奇地发现,在热带雨林中要想重复遇到同种动物比见到上百种不同动物还要难呢。

② 树栖攀缘生活的种类占绝对优势。典型的树栖兽类不仅有灵长类各种猿猴,还有啮齿类的巨松鼠、飞鼠、树豪猪,贫齿类树懒、小食蚁兽及有袋类的树袋熊、树袋鼠等,食肉兽如灵猫、豹也经常上树活动。树栖鸟类更多,典型的有鹦鹉、犀鸟、缝叶莺、织布鸟和蜂鸟等。两栖和爬行类中也有许多树栖种,如飞蛙、树蛙、鬣蜥、避役和飞蜥等。多种肉食性昆虫演化为树栖种,蚂蚁也多树栖。树栖动物在体躯结构上形成了许多适应树栖生活的特征:首先表现在四肢上,如树懒具有弯曲而锐利的钩爪,灵长类的拇指(趾)与其他四指(趾)相对,避役的趾互相愈合呈钳状,松鼠、眼镜猴和袋貂的掌上有发达的足垫,树蛙、壁虎、狭颅蝙蝠等的趾端有吸附结构等,这些结构均有利于牢固地把握树枝,灵活地在枝干间攀爬、跳跃;其次表现在尾巴上,如树袋鼠、小食蚁兽、长尾穿山甲、树豪猪、卷尾猴等都具有能缠绕的长尾,起第五肢的作用。非洲飞鼠尾基部腹面具刺,是一种防滑构造。飞鼠、飞蜥、袋鼯等体侧生有皮膜,能托浮身体在树间滑翔飞行;爪哇飞蛙趾间长有巨大的蹼膜,张开的蹼膜如同四把小降落伞,借此飞蛙可在树间一次滑翔 10～15 米。

③ 完全地栖的种类很少。这点与丰富的树栖类群形成鲜明对比。这是由于林下阴暗潮湿,缺少草本植物,不利于植食动物生存的缘故;雨林地下树根密集,不利于穴居动物的活动;林中藤本植物纵横交错,有碍大型有蹄类的通行。少数地栖种类主要是一些中小型植食兽如鼷鹿、貘等,及一些小型食肉兽如鼬、獾、豹猫等。严格栖于密林中的地栖动物,躯体趋于中、小型,角不发达;在生活习性上多营独居生活,采用躲藏与隐蔽方式来逃避敌害,与此相适应,许多食肉兽也采用伏击方式捕食而不是追捕。此外,由于森林郁闭,影响动物的视觉和嗅觉的发展,因此森林动物主要依靠听觉来寻食和避敌。

④ 动物垂直分层现象明显。根据动物的取食空间可划分出树冠上层、树冠层、树冠下层、攀附层、森林底层和在地面及地下觅食的类群。以亚洲热带雨林为例,树冠上层主要为食虫和肉食性的鸟类和蝙蝠;树冠层主要为取食树叶、果实和花蜜的多种鸟类和树栖兽类;树冠下层多为昆虫生活区;攀附性兽类(如松鼠)沿树干上下移动;地面及地下觅食的动物包括食虫的、食植物的、食肉的、杂食的以及食腐的各种类群。

⑤ 变温动物的生活特别适宜。热带森林终年高温湿润和无霜的气候条件,使昆虫、两栖类和爬行类等变温动物得到广泛的发展,无论种类或数量都非常丰富。许多古老动物类群在这里得到保存,如两栖类的无足目、爬行类的蟒和龟、无脊椎动物的蛞蝓、陆地涡虫、宝石甲虫等。热带森林动物群中几乎包括了昆虫纲所有目。土壤动物种类也相当丰富,大型土壤动物主要为白蚁和蚁类、蠕虫、蜗牛、蜈蚣、蝎子、甲壳动物、蜘蛛和鞘翅目昆虫;中型土壤动物以螨类和跳虫为最多。某些变温动物体躯巨大,如巨蟒、巨蜥。

⑥ 动物生活节律的周期性不明显。动物全年活动,无储粮习性,无冬眠和夏眠,无一定繁殖季节,无明显的换毛期,季节性迁移现象很少,因而动物数量季节变化也不显著。相反,由于白天高温,许多动物在夜间或晨昏活动觅食,因此动物昼夜相表现得比较突出,而且夜间活动的种类较白昼活动的种类要多。

(4)中国的热带雨林:中国热带雨林主要分布在海南岛、台湾南部、云南南部和西双版纳地区,西藏自治区墨脱境内也有热带雨林,这是世界热带雨林分布的最北边界。中国的雨林以西双版纳和海南岛的最为典型,其中占优势的乔木树种有见血封喉、大青榕、马椰果、菠萝蜜、番龙眼以及番荔枝科、肉豆蔻科和棕榈科的一些种类。但由于中国雨林分布偏北,林中附生植物较少,龙脑香科的种类和数量均不及东南亚典型雨林多,小叶型植物的比例较大,一年中有一个短暂而集中的换叶期,表现出一定程度的季节变化。

(5)热带雨林的利用与保护:热带雨林对全球的生态效应有重大影响。由于雨林中生物资源极为丰富,如三叶橡胶是世界上最重要的产胶植物,金鸡纳树等是珍贵的经济植物,还有众多物种的经济价值有待开发。雨林开垦后可种植橡胶、油棕、咖啡、剑麻等热带作物。但近半个世纪多以来,人们对热带雨林的开发强度剧增,全球对热带优质木材需求的增长使一些树种(如桃花心木、红木、黄檀木)的数量大大减少。在东南亚则将热带雨林改造为橡胶和棕榈种植园,在南美亚马逊河流域和中美洲,大面积的热带雨林被砍光、烧光或转化成牧场,5~8年后就退化成杂草丛生的荒地或不毛之地,而且在短时间内无法恢复。一旦植被破坏后,很容易引起水土流失,导致环境退化,而且短时间内无法恢复。破坏热带雨林所带来的最大灾难是生物多样性的丧失及生态效应的降低。因此,热带雨林的保护是当前全世界关心的重大问题,生态学家正在制定热带雨林的科学管理规划。

亚热带常绿林生物群落

亚热带常绿林又称常绿阔叶林,是在亚热带湿润气候条件下形成的以常绿阔叶树种为主组成的森林群落。

(1)地理分布及生境条件:主要分布于欧亚大陆东岸、非洲东南部、南北美洲东南部和澳大利亚大陆东岸,大西洋中的加那利群岛和马德拉群岛等地也有小面积分布。其中,中国常绿阔叶林分布面积最大(见图5-3)。

常绿阔叶林分布区的气候,夏季炎热多雨,冬季稍显寒冷,春秋温和,四季分明。年平均气温16~18℃,最热月平均气温24~27℃,最冷月平均气温3~8℃,冬季有霜冻。年降雨量1 000~1 500毫米,距海偏远地区冬季降水量可能偏少;降水主要在4~9月,但无明显旱季。地带性土壤为低活性强酸土,通过施肥可显著提高土壤肥力。

(2)植被特征:常绿阔叶林的结构较热带雨林简单,高度明显降低,林相比较整齐,树冠呈微波状起伏,外貌呈暗绿色。乔木一般分为两个亚层,上层林冠整齐,高 20 米左右,以壳斗科、樟科、山茶科、木兰科等常绿树种为主;第二亚层树冠多不连续,高 10~15 米,以樟科等树种为主。灌木层多少明显,但较稀疏,草本层以蕨类为主。藤本植物与附生植物不如雨林繁茂。建群种和优势种的叶子相当大,呈椭圆形且为革质,叶表面有厚蜡质层、有光泽、无茸毛,叶面向着太阳,能反射阳光,因此这类森林又称"照叶林"。上层乔木枝端的冬芽有芽鳞保护,下层乔木及灌木的芽无芽鳞;林下生境较湿润;常绿阔叶林几乎没有板状根植物和茎花现象;藤本植物种类少,数量也不多;附生植物也大为减少。

(3)动物群特征:动物群种类组成的多样性仅次于热带森林,这里虽然人口密集、农耕发达,但自然条件优越,植物繁茂,可为动物提供多样的食物和良好的隐蔽条件。亚热带常绿林动物群具有明显的过渡特征,种类组成上表现南北方森林动物相互渗透和混杂的状况。从南向北由于四季变化逐渐明显,因而动物群的季相变化较热带森林显著,许多爬行类、两栖类及翼手类(蝙蝠)出现冬眠现象;种的优势现象较热带森林突出。动物在各栖息地间有频繁的昼夜往来和季节性迁移,春秋两季有大量旅鸟过境和候鸟迁来越冬。动物的数量有季节性周期变动。土壤动物很丰富。

常绿阔叶林代表动物,以亚洲为例,兽类有猕猴、短尾猴、穿山甲、牙獐、毛冠鹿、赤腹松鼠、豪猪、果子狸、华南虎以及中国特有的淡水鲸类——白鳍豚,鸟类中画眉、黑卷尾、八哥、竹鸡、金鸡是典型种,爬行及两栖类以扬子鳄、竹叶青、烙铁头、金环蛇、银环蛇和大鲵(娃娃鱼)等为代表。

(4)人类活动对亚热带常绿林的影响:人类活动对亚热带常绿阔叶林影响显著,该带森林几乎被砍伐殆尽而代之以耕地。这里农业开发历史悠久,绝大部分山地丘陵的原始森林久经砍伐,沦为次生林地和灌丛,平原与谷地几乎全部垦为水田为主的农耕地。中国的亚热带常绿阔叶林区是中华民族经济与文化发展的主要基地,原生的常绿阔叶林仅局部残存于某些山地,动物群的原始面貌已大为改观,适应于次生林灌和田野生活的中小型兽类愈来愈多,典型的亚热带常绿林动物群目前只存在于少数自然保护区内。

亚热带硬叶林生物群落

亚热带硬叶林生物群落分布于亚热带大陆西岸地中海式气候地区,是由硬叶常绿阔叶树种所构成的森林及其动物群组成的群落。

（1）地理分布及生境条件：分布于南北纬 30°～40°的大陆西岸，主要在地中海沿岸，还有美国加利福尼亚州的沿岸、南美洲智利沿海、南非的南部和澳大利亚西南部等地。该群落分布在独特的冬季湿润亚热带（即地中海式）气候地区，因地中海沿岸地区的这类群落最典型而得名。地球上全部硬叶林生物群落总面积仅占地球陆地面积的 1.7%，却分布在不同大陆的 5 个相互孤立的区域，而且全都位于沿海岸向内陆不到 100 千米的狭窄地带，地理位置濒临海洋或邻近海岸，是地球上面积最小和最为支离破碎的一个生态带。

亚热带地中海式气候的特点：由西风带与副热带高气压带交替控制形成，又称副热带夏干气候，冬季温和多雨，最冷月气温在 4～10℃，全年降水量 300～900 毫米，冬半年降水占 60%～70%。夏季炎热干旱，最热月均温22℃以上。夏季温度在沿海和内陆有较大区别，沿海潮湿多雾，称为凉夏型；内陆干燥暖热，称为暖夏型。地中海式气候是地球上唯一一种高温时期少雨而低温时期多雨的特殊气候类型。典型土壤为深色淋溶土，为碱性成分丰富、腐殖质贫乏且在干旱期易硬结的土壤类型。

（2）植被特征：在雨热不同季的气候条件下，该群落成为硬叶林木的适宜分布范围，致使自然植被多半为生长矮小的乔木和灌木等常绿硬叶林。还由于它的 5 个分布区域各自孤立及远离，在所有各部分地区物种多样性都显著很高，是全球居第二位高物种多样性的群落。许多类群，甚至较高分类等级类群（例如科）也是地方性特有的类群。单位面积中最高的物种多样性发现于南非小范围冬雨地区，在那里维管植物物种总数超过 6 000 种，与同等面积热带雨林相比大约高出 3 倍之多。面积稍大的加利福尼亚和澳大利亚西南部，维管植物物种总数为 5 000 种和 8 000 种，其中大约一半物种为当地特有。

除了在最干旱和养分最缺乏的地区外，冬季湿润亚热带所有各部分早先很可能以常绿硬叶林占优势；在其位于北半球的两部分也有松林；地中海西部地区曾生长刺叶栎林、局部分布有高山栎林，在地中海东部地区为灌木栎林。在地中海地区人类的入侵已经有数千年，而在大多数其他地中海式地区也有数百年，人类的经济活动广泛破坏了硬叶阔叶林和针叶林，在原有植被遭破坏的地方大部分演化为硬叶—灌木群落,显示明显的退缩趋势。硬叶灌木群落决定着今天地中海区域的植被景观。硬叶丛林的结构简单,很难见到藤本植物和附生植物。硬叶林中植物的花非常鲜艳,黄色的花尤其多。

适应于夏季炎热干燥的气候,所有地中海类型地区均以常绿乔木和常绿灌木种类占优势,植物的叶子是常绿的而且有一系列对干旱的适应,叶片与阳光成锐角,避免阳光的灼晒,机械组织发达,叶片内部有较高比例纤维素和木质素成分,构成硬厚壁的支持组织,使得叶片相对比较厚实、坚硬或呈革质的外观,在巨量水分损耗情况下(膨压下降至零),这种硬叶也不至枯萎。此种硬叶型的适应,是植物在长期经常遭受干旱胁迫和较强烈太阳照射条件下演化来的。硬叶性往往与叶片的其他一些适应特征相结合,主要用来控制植物的水分收支平衡,例如真皮细胞外壁增厚、具光泽的蜡质涂层、表面有茸毛、叶脉紧密及气孔区低陷,常有分泌芳香油的腺体,以减少水分蒸发。有些种类叶片退化成刺。

森林火烧和丛林起火属于地中海型地区的自然环境因素之一,通过火烧作用植被更强烈地稀疏、衰落甚至完全毁坏,而且枯枝落叶(连同全部腐殖质层)都可能被烧掉。在硬叶灌木林群落中几乎每隔几十年就会发生一次这样的火烧。对此本土植物显示许多明显的适应火烧的属性,例如有许多乔木和灌木种类显示具有很高的再生能力;它们的种子在过火以后发芽能力反而更好,甚至有些种类种子过火后才能发芽。

亚热带硬叶木本群落的生产性能,受限于其适宜湿度与适宜温度出现在不同的季节,也即在温暖季节缺少水,而在雨季又缺少比较适宜的热量,因而抑制了植物的生产。火有可能进一步增强这种效应,过度放牧导致退化为干旱瘠薄草地,遭极端损害则完全毁坏植被覆盖成为裸岩荒原。

(3)动物群特征:群落中植物种类的多样性、山地地形的分异以及在不同灌木群落、石楠灌丛、草本和森林群系之间小区域的环境变化,形成了多种多样的栖息地,相应的,其动物区系也是丰富的,特别引人注目的是这里种类繁多的鸟类(尤其鸣禽类、猛禽类、雉鸡类、鸠鸽类等)、爬行类(尤以蜥蜴类为多)和各种节肢动物(弹尾目、蜱螨类、蚁类、蜘蛛类、甲虫、马陆、蜈蚣、蝎类、鳞翅目昆虫、白蚁类)等。动物物种丰富度通常随维管植物物种丰富度沿半干旱至湿润的气候梯度而增长。当夏季高温和干旱时期,邻近的半荒漠地带许多适应干热生活的动物类群,进行季节性迁移来到此地带栖居;有时成为来自中纬或高纬地带迁飞过路鸟群或越冬候鸟休息和觅食的地方。

温带落叶林生物群落

温带落叶林属于阔叶林类型,又称夏绿阔叶林或夏绿林,是指具有明显季相变化的夏季盛叶、冬季落叶的阔叶林。

(1)地理分布及生境条件:主要分布于中纬度湿润地区,大范围分布区位于北半球北美洲和欧亚大陆的东西两侧,在南半球的南美洲、澳大利亚和新西兰有较小分布区。在冷洋流和暖洋流分别影响下,各地湿润中纬带分布的纬度位置有所差异:在大陆西侧位于纬度 40°～60°,大陆东侧位于纬度 35°～50°,包括北美大西洋沿岸,西欧和中欧海洋性气候温暖区域和亚洲中部的中国、朝鲜和日本等地。整个群落面积约占地球陆地面积的 9.7%(见图 5-3)。

夏绿林分布地区气候四季分明,夏季炎热多雨,冬季寒冷。年平均气温 8～14℃,1 月平均气温 -3～-22℃,7 月平均气温 24～28℃,热量条件属温带类型。沿海地区几乎全年都可能是植被生长期。年降水量 500～1 000 毫米,降水多集中在夏季。土壤为典型高活性淋溶土和雏形土,土壤有机质含量较高。

(2)植被特征:按照气候条件,湿润中纬带总体应为自然夏绿林地带,但曾经存在北半球的的天然森林由于伐木、火烧式耕种、森林牧场开发等,几乎全部遭到毁坏,通常只有那些不具有农业或其他价值的地方以经济林取代自然林。与过去和与其他森林气候地带相比较,今天的湿润中纬带森林是贫乏的。

夏绿林最明显的特征是:树木仅在暖季生长,入冬前叶子枯死并脱落。优势树种为壳斗科的落叶乔木如山毛榉属、栎属、栗属等,其次为桦木科、杨柳科、槭树科、榆科的一些种。它们的叶片无革质硬叶现象,一般也无茸毛,呈鲜绿色。冬季完全落叶,春季萌发新叶,夏季形成郁闭林冠,秋季叶片枯黄,季相变化十分显著。树干常有厚的皮层保护,芽有坚实的芽鳞保护。这类森林一般分为乔木层、灌木层和草本层,成层结构明显。乔木层组成单纯,常为单优种,有时为共优种,高 15～20 米。林冠形成波状起伏的曲面。灌木层一般比较发达。因不同草本植物生长期和开花期的不同,所以草本层季节变化也十分明显。夏绿阔叶林的乔木大多为风媒植物,花色不美观,只有少数植物借助虫媒传粉。林中藤本植物不发达。附生植物均属苔藓和地衣,有花附生植物几乎不见。

(3) 动物群特征:夏绿林动物群种类组成具有明显的过渡性,兼有南北方成分。林内丰富的灌木和草本植物为地面活动动物提供了必要的食物和隐蔽条件,地栖动物的种类和数量比热带、亚热带森林多,但树栖动物仍占相当比例,树栖兽类主要有松鼠、睡鼠、飞鼠、蝙蝠、树豪猪等,鸟类有啄木鸟、鸮类(即猫头鹰类)、杜鹃、黄鹂等,树栖的爬行类和两栖类著名的有树响尾蛇、蝮蛇及雨蛙等,这些动物同样具有多种适应树栖攀缘生活的结构特征和行为。亚洲夏绿林代表性兽类有梅花鹿、马鹿、麝、野猪、黄鼬、黑熊、狐、獾、花鼠、林姬鼠、小蝙蝠等;典型鸟类有灰喜鹊、黑枕黄鹂、杜鹃、绿啄木鸟、褐马鸡等;典型爬行类和两栖类动物有蝮蛇、虎斑游蛇、大蟾蜍、雨蛙、中国林蛙等。土壤动物种的丰富度仅次于热带森林,而个体数量常很多。

夏绿林动物生活节律有明显季节变化,主要由广适性种类组成。夏季动物种类较冬季多,动物个体数量的季节变化特别明显。许多动物随季节而换羽(鸟类)或换毛(兽类),动物尤其候鸟迁移现象普遍,某些哺乳类以冬眠越冬,许多变温动物冬季蛰伏或休眠,全年活动的动物大都有储粮习性。动物的昼夜相活动不如热带森林地带明显,昼出活动种类多于夜出活动种类。

(4) 中国的夏绿林:主要分布在华北和东北南部。由于人类长期经济活动的影响,现今已基本无原始夏绿林。从次生林情况看,以栎属落叶树种为主,如辽东栎、蒙古栎、栓皮栎等以及椴属、槭属、桦属、杨属等其他落叶树种。落叶阔叶林植物资源丰富,各种温带水果品质很好,如梨、苹果、桃、李、胡桃、柿、栗、枣等。温带落叶阔叶林地带动物群受人类影响极大,大型有蹄类和食肉类急剧减少,有的已经绝迹。欧洲野牛、河狸、松貂等濒临灭绝。麋鹿(四不像)为中国温带阔叶林特有,其野生种已绝迹;梅花鹿也是东亚夏绿林地区的标志,许多地方野生种已是零星残存。一些典型的温带夏绿林

63

动物只保留在少数自然保护区内。

北方针叶林生物群落

北方针叶林是指以针叶树为建群种的各种森林群落的总称,包括各种针叶纯林、不同针叶树种的混交林,以及以针叶树为主的针阔叶混交林。北方针叶林即指寒温带针叶林,它是寒温带地带性植被,又称泰加林(taiga)。

(1)地理分布及生境条件:北方针叶林群落是唯一生长于北半球北方带的森林生物群落,分布在欧亚大陆北部和北美洲北部,面积很大,约覆盖整个地球表面的 13%(见图 5-3)。

这一群落由于地处寒温带,气候比夏绿阔叶林地带更具大陆性,夏季温凉,冬季严寒。年平均气温多在 0℃ 以下,7 月平均气温为 10～19℃,冬季长达 9 个月,1 月平均气温 -20～-38℃。年降水量 300～600 毫米,集中在夏季降落。地带性土壤为棕色针叶林土,以灰化作用占优势。土壤有永冻层,不适于耕作,因而自然面貌保存较好。

(2)植被特征:北方针叶林种类组成较贫乏,乔木以松、云杉、冷杉、铁杉和落叶松等属的树种占优势。植被结构简单,经常可以见到超过数千平方千米林地上只生活一种树木,多为单优势种森林,树高 20 米上下。在树冠浓密的云杉、冷杉林下,有厚层耐湿的苔藓层,常绿小灌木和草本植物及各种藓类组成的地被层发达,由于分解作用缓慢,枯枝落叶层很厚。针叶树能很好地适应寒温带气候,其针叶表面有增厚的角质膜和内陷的气孔,可减弱蒸腾作用并有助于在夏季干旱期和冬季结冰期保持水分。北方针叶林地带冻土层的存在对林木的生长极为不利,只有在无冻土层或冻土层位于土壤深层的地方,树木才能生长得好。树木根系较浅,这是对冬季寒冷和寒冻干旱的适应。

在云杉林遮阴的地面上茂盛的苔藓与积累起来的未分解的针叶形成了土壤的隔绝层,影响了营养物质的循环,并增加了土壤的湿度。土壤温度越低,冻土层离地表面就越近,土层就会变得越薄。在此种情况下,树根就难以生长,且易受冻害。当温暖季节到来时,被封在冻土中的根难以向树冠输送水分,常导致林木死亡。

北方针叶林外貌十分独特:通常云杉属和冷杉属组成的针叶林,其树冠圆锥形和尖塔形;而松属组成的针叶林,其树冠近圆形;由落叶松属构成的森林,树冠塔形且稀疏。云杉和冷杉是耐阴树种,所形成的森林郁闭度高,树冠稠密,分枝低垂,故林下阴暗,因之被称为暗针叶林。松林和落叶松较喜阳,林冠郁闭度低,林下较明亮,因之被称为亮针叶林。寒温带针叶林常会发生火灾,干旱期火烧面积更大。所有该带的树种对火烧有良好的适应,如果火势不太大,可为树木的再生提供一个苗床。轻微的火灾有利于硬木林的演替,较大的火灾可排除硬木树种的竞争者。

(3)动物群特征:生存条件所限,动物群落种类组成也很贫乏,主要由耐寒性和广适应性种类所组成,典型动物有驼鹿、紫貂、狼獾、星鸦、榛鸡、黑啄木鸟、松鸡、交嘴雀等及大量的土壤动物和昆虫。这些动物对针叶林地带漫长而寒冷的冬季均有特殊的适应。秋冬季节部分冻原群落动物如驯鹿、旅鼠、雪兔和雷鸟等迁来针叶林过冬。

针叶林群落内动物类群的分布很不平衡,在河流两岸或次生林灌及林间大片沼泽地区是动物集中栖息处。大多数哺乳类和一部分鸟类生活在林中地面层,各种小型鸟、松鼠和紫貂等栖息在树冠层。树栖种类如松鼠、灰松鼠及交嘴雀等,营巢在树枝上,鸮、啄木鸟、鼯鼠等则在树洞中营巢。针叶林林下的附生、藤本植物及灌木稀少,大型有蹄类如驼鹿、驯鹿等得到发展空间,雄性具巨大而复杂的角。

北方针叶林群落内食物比较单一,针叶树的松果对动物生活具有特殊意义,是许多鸟类(星鸦、交嘴雀)和兽类(花鼠等)的重要食料。针叶林群落动物的数量年际之间很不稳定,随食物的丰歉产生周期性波动。群落中多数兽类(驼鹿、灰鼠、紫貂、狼獾等)和鸟类(榛鸡、松鸡)营定居生活,它们有储食过冬或冬眠的习性。有些鸟类和哺乳类进行季节迁飞或迁移。寒温带夏天夜晚非常短促,典型夜行性动物种类不多。

(4)中国的北方针叶林:主要分布在东北的大、小兴安岭和长白山地,青藏高原东缘以及阿尔泰山、天山、祁连山、秦岭等山地。大兴安岭的针叶林群落主要以落叶松组成纯林,小兴安岭的群落由冷杉、云杉和红松组成,阿尔泰山地主要由西伯利亚落叶松构成,其他亚高山针叶林以云杉属和冷杉属组成。这是我国覆盖面积最大、资源蕴藏最丰富的森林。由于长期采伐,目前原始针叶林已所剩无几。

（5）人类活动对针叶林的影响：寒温带针叶林面积广大，全球总面积达1 200万平方千米，是世界上松柏类木材和造纸材料的最大产地。可利用贮量的一半在俄罗斯，其余的在欧洲、北美和中国。寒温带针叶林的再生率很低，在很多地区森林遭砍伐后变成泥炭沼泽地。人类在针叶林地区开发矿藏、修路建厂、兴建水电站以及扩建居民点等，改变和破坏了泰加林的生境。人类活动对这一生物群落的深远影响正在引起各方面的关注。

温带草原生物群落

草原与森林一样，也是地球陆地重要的生物群落类型。根据种类组成和地理分布分为温带草原和热带草原两类。温带草原指由低温旱生多年生草本植物组成的植物群落，自然状态下伴随有草原动物群栖居其中。温带草原生物群落是分布于干旱中纬带的地带性生物群落。

（1）地理分布及生境条件：温带草原分布于南北半球的中纬度地带，出现在中等干燥、较冷的大陆性气候地区。欧亚大陆草原从欧洲多瑙河下游起向东延伸，经罗马尼亚、原苏联和蒙古，达到中国内蒙古自治区等地，形成了世界上最为广阔的温带草原带；北美草原呈南北走向；南美、大洋洲和非洲也分布有温带草原（图5-4）。总面积约为地球陆地面积的11.1%。

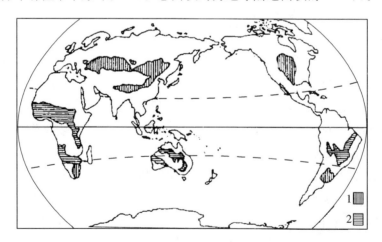

图 5-4　世界草原的分布

a. 温带草原　b. 热带草原

草原气候夏季温和,冬季寒冷。以中国草原为例,年平均温度一2(海拉尔)～9.1℃(兰州),年降水量150～600毫米,集中在夏秋两季降落,降水年变率大,多暴雨。春季或晚夏有明显的干旱期。地带性土壤为黑钙土和栗钙土,土壤中腐殖质层很发达,肥力高。

(2)植被特征:构成温带草原的植物种类以一年生和多年生草本植物为主。在多年生草本植物中,以耐寒的旱生丛生禾草占优势,禾草类种类和数量之多,可以占到草原面积的25%～50%,甚至更多。除禾本科植物外,莎草科、菊科、豆科、藜科等植物也占相当大的比例,它们共同构成温带草原景观。典型温带草原辽阔无林。由于低温少雨,草群较低,地上部分高度多不超过1米,通常分为地上草本层、地面层和地下根系层。除草本植物外,还生长有木地肤、百里香、锦鸡儿等灌木。草原植物的生长特点是对于动物的啃牧和火烧有很好的适应性。大部分草原都会发生周期性火烧,以维持草类的存在、更新和排除树木的生长。

在温带草原植物中,旱生结构普遍可见,如叶面积缩小、叶片边缘内卷、气孔下陷、机械组织与保护组织发达等。其建群植物针茅属耐旱特征尤为明显。再者,植物地下部分强烈发育,常超过地上部分,这也是对生境干旱的适应。许多草原植物形成密丛,草丛基部常被枯叶鞘所包,可以避免夏季地面的灼热,也可保护更新芽度过寒冬。

温带草原季相变化明显,发育节律与气候相符,主要建群植物的生长发育盛期大都在六七月份,此时正值雨季,水热条件对植物最有利。通常早春干冷,草原生命沉寂,五六月间禾草类茂盛生长,六七月双子叶植物繁茂开花,8月开花植物逐渐减少,秋末草类枯黄,冬季雪盖草原。在不同年份植物的发育随降水情况而有很大的变异。

(3)动物群特征:温带草原地带以食草动物和穴居动物占优势。与温带森林相比,草原作为野生动物的生存环境,隐蔽条件较差,食物链组成也较单调。因此,温带草原动物群落的种类组成较森林贫乏。兽类中啮齿类特别繁盛,多营洞穴生活,且大多为群聚性动物,如黄鼠、旱獭等;大型草食兽以有蹄类为主,适应开阔景观,它们发展了迅速奔跑的能力。由于草食动物数量很多,相应地食肉兽也比较丰富,也发展了快跑追捕猎物的能力。草原鸟类大部分为夏候鸟。由于生境干旱,两栖类和爬行类种类都很贫乏。无脊椎动物无论种类还是个体数量都非常多。草原动物穴居、快速奔跑、集群生活以及具有敏锐的视觉与听觉等生理、生态特征,是对草原生境的极好适应。

动物群另一重要特点是种群数量年际变化很大。这是由于草原降水变率大,多自然灾害,产草量年际波动大等原因所致。种群爆炸或疾病蔓延都会引起数量的大起大落和迁移扩散。草原动物形成独特的季节动态:夏秋两季是动物繁殖和育肥的良好季节,无脊椎动物的个体数量在一年内也有夏秋两个高峰;冬季寒冷,多数鸟类南迁;有蹄类等迁往生境较好的地方;啮齿类旱獭、黄鼠等进入冬眠;田鼠、鼠兔等贮藏食物以备过冬。草原动物昼夜相也很明显。

(4) 世界各地的温带草原:温带草原在世界各地名称不同,欧亚大陆的草原称为草原(Steppe)群落,北美草原叫做普列利(Prairie),南美草原称为盘帕斯(Pampas)群落等。由于区系组成和生态条件的差异,各地温带草原及其优势草类有明显的分化。普列利草原最重要的植物为针茅属(*Stipa*)、冰草属和垂穗草属,后两属植物在欧亚草原是不存在的。组成盘帕斯群落的植物主要为早熟禾属、针茅属、三芒草属等。欧亚大陆草原分布很广,针茅属的许多种类如针茅、约翰针茅、红针茅等最具典型意义。一年生植物和风滚植物数量均多。

世界各大洲温带草原动物生态替代现象明显。北美温带草原一度曾有集群大规模迁移的美洲野牛群,数量可达数百万头;还有集群生活的叉角羚,现存只有分散的小群。北美草原常见的穴居啮齿类是土拨鼠和囊鼠。在欧亚大陆草原有蹄类以黄羊(即蒙古瞪羚)最具代表性,其分布界限与温带草原基本一致,还有赛加羚、蒙古野驴等;穴居兽类主要为旱獭、黄鼠等;食肉兽以黄鼬、艾鼬、狼、狐、兔狲等最常见;典型鸟类为大鸨、云雀和百灵。

中国温带草原是欧亚草原的一部分,从东北松辽平原经内蒙古高原达黄土高原,形成了东北至西南方向广阔而连续的带状分布。此外,还见于青藏高原、新疆阿尔泰山前地带及荒漠区的山地。尽管中国各地温带草原成分差异很大,但针茅属植物是普遍存在的建群种,因此,可作为草原的指示植物。根据建群种的生态学特征,中国温带草原又分为草甸草原、典型草原、荒漠草原和高寒草原四个类型。

（5）人类活动对温带草原的影响：温带草原土壤肥沃，大部分已被开垦；草原上生长着丰富的优良牧草，很早以来就成为人类重要的放牧畜牧业基地。有些地方过度放牧引起草原退化已成为突出的生态环境问题。过牧的结果减弱了牧草的竞争力，而使非牧草植物得到发展。过牧还会因有机残落物减少而使地面覆盖物变薄甚至消失，在地面失去保护的情况下，雨水会把表土冲走。由于湿度变低和缺乏营养物，原有的草原生物群可能消失，植物覆盖率将持续下降，直到成为一片受侵蚀甚至不毛的荒原。

热带稀树草原生物群落

热带稀树草原又称萨王纳（Savanna），是一类含有散生乔木的喜阳耐高温旱生草原群落，其特点是在高大禾草草原背景上稀疏散生着旱生独株乔木，故称为稀树草原或萨王纳群落，并与其中栖息共存的动物群构成热带稀树草原生物群落。

（1）地理分布及生境条件：这一群落分布在热带、亚热带干燥地区，在非洲中部和东部面积最大，在南美的巴西及北美的墨西哥、亚洲的印度和缅甸中部及澳大利亚大陆北部等地也有分布（见图5-4）。有些稀树草原群落是天然的；有些则是半天然的，如印度中部的稀树草原是人为破坏森林的结果，我国云南局部干热地区有类似稀树草原群落，是由于热带森林经过砍伐火烧之后形成的。

气候属于炎热的大陆性气候，一年中大多数甚至全部月份月平均温度≥18℃，年均降雨量250～500毫米，降水期在少数夏季月份，植被期2～4个月，一年中出现1～2个明显的旱季，构成明显的干湿季的交替，加上野火频繁，不利于许多林木的发育。钙积土、石膏土、沙性土为常见土壤，低洼地区则为盐土。

（2）植被特征：稀树草原具有极其独特的群落外貌。草本植物层几乎都是丛生的，占优势的是高达0.8～2.0米的大型禾草，间隙状覆盖地表。叶具有旱生结构，狭窄而直立；双子叶植物多小叶型或叶完全退化；木本植物一或两层，小灌木的高度一般在50～80厘米，散生在草原背景中的少数旱生型乔木，通常矮生、多分枝，具有非常特殊的大而扁平的伞形树冠；叶片大多坚硬，树皮厚。群落中藤本植物非常稀少，附生植物几乎没有。

非洲中南部是热带稀树草原分布最典型的地方,代表性的草本植物主要由禾本科的须芒草属、黍属等构成。在乔木树种中,伞状金合欢和木棉科的猴面包树(*Adensonia digitata*)非常典型,后者是世界闻名的长寿植物,能活四五千年,高可达 25 米,树干直径达 9.5 米,树干内含大量水分。许多种阔叶树干旱季节落叶,有些植物树干组织内发展了存水机构(如瓶子树、仙人掌、大戟、芦荟等),以保障旱季生活所需。

稀树草原生物群落季节变化明显。每年持续数月的干旱期导致群落生物产生特殊的适应。旱季时乔木落叶,草类枯萎,水域干涸,动物迁移或蛰眠地下(夏眠),整个草原呈现一派荒凉、寂静的景象。雨季来到,植物生长繁茂,野花盛开,昆虫滋生,蛰眠动物苏醒活动,鸟类飞来营巢繁殖,兽类也返回故地,草原重新呈现一派生机勃勃的景象。

(3)动物群特征:动物群在种类组成上比热带森林群落贫乏,由于旱季干旱,两栖类、爬行类、鸟类和哺乳类均较少。但由于草本植物特别繁盛,供应量大,构成了草食性动物生存的理想生境。因此,大型草食兽、小型啮齿类以及植食性昆虫等在此得到极大发展,不但种类丰富,而且种群数量特别大,例如非洲稀树草原的羚羊多达数百万头。小型啮齿类因体积小,繁殖力强,对干旱有特殊耐受力,与其他哺乳类相比它们占有绝对优势,在群落中有极其重要的作用。另外,植食性昆虫的数量惊人,其中白蚁、蚁类和蝗虫为最多。

与热带森林动物群明显不同,本带动物以地栖性种占优势,树栖种很少,甚至连仅有的几种灵长类都改变了树栖习性,如非洲稀树草原的狒狒、猕猴都营地栖生活,啮齿类几乎无树栖种;地面奔跑生活的大型草食兽种类繁多,如羚羊、斑马、长颈鹿、野水牛、双角犀以及非洲象等。与此相关的肉食动物(尤其地栖性种类)也很丰富,如非洲狮、猎豹、鬣狗、豺等。典型的地栖鸟类有鸵鸟、珠鸡等。即使善飞的鸟类在此地带也在地面取食。

热带草原景观平坦而开阔,动物缺少天然隐蔽条件。穴居、快跑生活方式的发展是本带动物生存竞争必然的结果。洞穴兼能藏匿、避敌、产仔育幼和贮藏食物,还可作为夏眠场所。除啮齿类营地下穴居生活外,犰狳、土豚(*Orycteropus capensis*)、跳兔、金毛鼹等也具有很强的挖掘能力。大体形动物对开阔景观的适应,表现在具有快跑的能力,非洲羚羊奔跑时速可达 80 千米,斑马、非洲野水牛、长颈鹿等也有很高的奔跑速度。动物这种高速奔跑能力,是长期逃避天敌追击情况下形成的。在开阔景观地带,动物捕食方式与森林动物不同,主要采用追击,如猎豹、豹、鬣狗等肉食动物也发展快速奔跑能力,猎豹奔跑平均时速达110千米,堪称世界上跑得最快的动物。值得指出的是,穴居和善跑动物,在身体和四肢结构方面都形成了一系列适应性特征。

集群生活是热带草原动物生态特征之一,有的是同种集群共同活动、觅食或迁移,如象群、斑马群等;有的是由不同种、属的个体组成混合种群,如斑马、羚羊、长颈鹿和鸵鸟等相聚成群,各自取食不同植物或同种植物的不同部分,它们和平相处,共同警惕敌害的到来。相应地食肉动物如狮子、鬣狗也常结群围捕猎物。

开阔景观生活条件使稀树草原动物的嗅觉比较灵敏,听觉和视觉也很发达。

(4)人类活动对热带稀树草原的影响:热带稀树草原生物群落的生产力较温带草原稍高,但植物体中含有大量粗纤维和硅质,氮、磷含量较低,饲用价值有限。据估计,非洲稀树草原植被所能容纳的野生有蹄动物的生物量约相当于家畜生物量的5倍,这是因为野生有蹄类的觅食效率比家畜更高,更能忍受炎热的气候,抗病力也更强。

人类对稀树草原生物群落有着很大而且常常是有害的影响。作物和食草动物的引入以及人类定居点的建立加重了当地的旱情,增加了荒漠蚕食的风险,砍伐树木用作烧材,家畜啃食和毁坏草类以及草被层变薄都会加重土壤侵蚀。在非洲的一些地区,人们为了得到木材和纸浆而把稀树草原植被改造成用材林。对大型食草动物的大规模猎杀也改变了稀树草原植被的特征,大片土地被开发成农田,种植玉米、凤梨和剑麻等,或建成人工牧场并引进了外来牧草和豆科植物,还施用了化肥,改变了稀树草原生物群落的原始面貌。

荒漠生物群落

荒漠是由地球上最耐干旱的超旱生灌木、半灌木或半乔木占优势组成的地上不郁闭的一类植物群落,荒漠植被及与之相适应的荒漠动物群共同构成荒漠生物群落。

(1)地理分布及生境条件:荒漠主要分布于亚热带和温带干旱地区。地球上最大的荒漠是连接亚非两洲的大沙漠,包括北非的撒哈拉沙漠、阿拉伯沙漠、中亚大沙漠和东亚大沙漠,后者包括中国的柴达木、准噶尔、塔里木、阿拉善等沙漠。此外,还有南美西岸、非洲西南岸和南非的荒漠、澳大利亚荒漠等(图 5-5)。世界荒漠总和约占地球陆地面积的 20.8%。

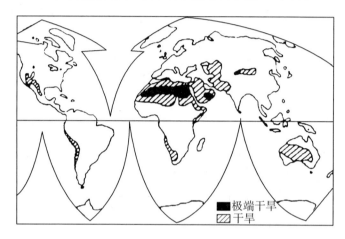

图 5-5　世界干旱区域的分布

荒漠生境条件极为严酷,年降水量少于 200 毫米,有些地区还不到 50 毫米,甚至终年不雨,蒸发量大于降水量数倍或数十倍。夏季炎热,最热月平均温度高达 40℃,物理风化强烈,多大风与尘暴,植物常遭风蚀和沙埋。土层薄,质地粗,缺乏有机质,却富含盐分。由于雨量少,土壤中易溶性盐类很少淋溶,表层有碳酸钙和石膏的积累。在地表细土被风吹走剩下粗砾及石块的地方形成戈壁;而在风积区则形成大面积沙漠。荒漠季节变化明显。

(2)植被特征:荒漠植被极为稀疏,有的地带甚至大面积裸露。组成荒漠植被的植物种类十分贫乏,有时在数十甚至上百平方千米范围内只有 1～2 种植物,但荒漠植物的生活类型还是多种多样的。适应在荒漠生长的植物主要有 3 种生活型:①超旱生小半灌木、半灌木、灌木和半乔木。它们能适应严酷的干旱生境,有的叶面积缩小或退化成无叶类型如霸王属、琐琐属植物;有的茎叶外包被着白色茸毛,有的茎秆表面呈现能反射强烈阳光的灰白色如白刺、白琐琐等。它们大多根系发达,能从深而广的土层吸水,如怪柳、藜藜、滨藜等多年生深根植物。② 肉质植物如仙人掌科、大戟科与百合科的一些种,具有肉质茎或肉质叶,属于景天酸代谢型(CAM)植物,夜间气孔才开放,获得CO_2的同时可减少蒸腾量,更好地维持植物体的水分平衡。③ 短命与类短命植物。前者为一年生,后者多年生,它们利用较湿润的季节迅速完成其生活周期,它们分枝的浅根,即使仅下小雨,也能迅速吸收土壤中的水分。短命植物以种子度过干旱期,类短命植物以根茎、块茎或鳞茎度过干旱期。

荒漠生物群落结构简单,营养物质缺乏,初级生产力非常低,能量流动受限。许多植物生长缓慢,多数种类动物的生活史较长,因之物质循环的速率很低。荒漠的地下生物量和地上生物量同样呈斑块状分布。

(3)动物群特征:荒漠动物群的基本特征,首先表现在种类贫乏、数量少、以小型啮齿类和爬行类占优势。如撒哈拉沙漠 24 种哺乳类中,有 17 种是啮齿类;中国温带荒漠特有哺乳类 28 种,其中属于啮齿类沙鼠和跳鼠两个类群就有 18 种。荒漠爬行类(如沙蜥、麻蜥)种类和数量都较多。荒漠动物生态分布的特点大面积表现为低密度广布,而在局部湿地或绿洲表现为高密度集中。荒漠生物群落组成单调、脆弱,鼠类、蝗虫、地老虎等有害动物有时种群爆炸。

荒漠动物群是由适应性特别强的种类组成。动物对高温干旱的适应首先表现在夜间活动的习性。荒漠地带日较差大,晨昏及夜间温度稍低,相对湿度较大,所以大多数荒漠动物多在晨昏与夜间从洞穴中外出觅食。少数白天活动类群则善于逃避高温,或躲进洞穴,或把身体埋进沙里。荒漠动物适应干旱的能力特别强,许多种类只需从食物中得到很少的水分就能维持生命;有些兽类汗腺不发育、大便干结、小便很少;一些爬行类以固态尿酸盐形式排尿,使体内水分损失达到最少。大型有蹄类骆驼、瞪羚、野驴等除有耐渴耐饥的特殊适应机制外,还具有远距离寻找水源的能力。夏眠是动物对干旱的生理适应,荒漠的昆虫、爬行类、鸟类和啮齿类等大都有夏眠习性,借以度过长达数月的干旱期。

生活在植被稀疏景观开阔地带的荒漠动物,穴居与善跑的习性较草原动物更加发展,据调查,在荒漠地带有 72% 以上种类营穴居生活,另外还有多种生活在岩缝间或石块下。许多荒漠动物体色与环境一致,如沙鼠、跳鼠、沙狐、沙鸡等具沙土色,起保护色的作用。

沙质荒漠基底特殊,长期生活在这种松散沙土地上的动物,脚和趾都形成一些适应构造。如一种跳鼠后足趾外侧生有坚硬的栉状毛刷,利于在松软沙土上活动;毛腿沙鸡趾上被羽,蹠底垫状并有细鳞,可防陷入沙中;骆驼的蹄大而圆,蹠部有厚肉垫,适于沙地行走等。

荒漠动物通常不是特化的捕食者,它们也不能仅靠一种食物,必须寻觅可能利用的各种能量来源。大多数荒漠肉食动物的食性都变得很杂,甚至也吃植物的叶和果实,食虫鸟类有时也吃植物。杂食性也是荒漠动物的适应表现。

(4)世界各地的荒漠生物群落:世界各地荒漠生境的差异表现在雨量、温度、地形、土壤排水性能、碱化程度和土壤盐度等方面,并因而导致植被、优势植物和相关物种组成方面的不同。荒漠可区分为热荒漠、冷荒漠、极端荒漠和半荒漠。热荒漠分布广泛,冷荒漠是指极地荒漠或高海拔冻荒漠,半荒漠是指那些靠近草原和灌丛群落、水分条件较好的荒漠,极端荒漠可能完全没有植物或只有稀疏分散的植被。世界热荒漠和高海拔地带的冷荒漠有其共同性,它们的优势植物都是蒿属植物和藜属灌木。

亚洲荒漠面积大,类型多样,半灌木、灌木、半乔木、肉质植物和短命植物均有分布,还有一些属于风滚草型的一年生植物。黏土地带主要为蒿荒漠;盐土区主要为猪毛菜荒漠;沙质区则主要为灌木荒漠,植物种类较多,包括沙拐枣属的数十种和柽柳属的一些种,白琐琐是荒漠著名半乔木。在绿洲生长着棕榈科海枣和金合欢属植物。

非洲石质荒漠中典型的灌木为假木贼、麻黄等。在沙质和砾石荒漠有时连续几年大面积不见植被;绿洲最典型植物是海枣和金合欢。在地下水位较高的地方,生长一种荒漠特殊裸子植物——百岁兰,它是多年生植物,可活百年以上;更奇的是,百岁兰一生只有一对大型革质叶片,匍匐生长在地面上,百年不凋,因称"百岁叶"。

北美荒漠主要以藜科灌木和蒿属植物为优势种,有些地方伴生许多仙人掌科木本植物,如树形仙人掌等,十分引人注目;肉质植物如丝兰、龙舌兰等亦多见。

大洋洲荒漠主要为盐土荒漠和沙质荒漠。前者代表植物有藜科肉质植

物如地肤属、滨藜属、盐角草属以及澳洲型灌木如金合欢属、木麻黄属和桉树属少数种类。

冻原生物群落

冻原又称苔原,是指极地地区或高山地带以灌木、苔藓和地衣及某些草本植物占优势、结构简单、层次不多的草本植被型。冻原植物群落与生活在其中的动物群共同组成冻原生物群落。

(1)地理分布及生境条件:冻原广泛分布在北半球高纬度和高海拔的寒冷地区,占据着欧亚大陆和北美北方针叶林以北的沿海地区,包括北冰洋中的岛屿。西伯利亚北部是最大的冻原区。中国只有高山冻原,主要在长白山和阿尔泰山西部高山带。

冻原气候的特点是冬季严寒而漫长,昼短夜长,阳光微弱;夏季寒冷而短促,最热月均温不超过 10℃,植物生长期全年仅 2～3 个月。年降水量 200～300 毫米,主要集中在夏半年,因蒸发量小,故气候不算干旱。土壤为冰沼土,永冻层很厚(达 40～200 厘米),即使夏季也仅融解 15～20 厘米,土温不超过 10℃。由于夏季短促,动物没有储粮过冬的条件;土壤永冻层的存在常引起沼泽化,动物也无挖洞冬眠的可能。冻原食物条件差,主要食物为地衣、苔藓、灌木叶子和浆果等。

整个生长期温度较低,因而冻原生物群时常遭受生理性干旱的影响。

(2)植被特征:冻原植被的基本特征是它的无林现象,占优势的是藓类、地衣、灌木和少数苔草及禾草类,植被高度一般只有几厘米,但有些地段相当茂密。种类组成很贫乏,不具备特殊的植物科,代表性科为石楠科(即杜鹃花科)、杨柳科、莎草科、禾本科和毛茛科。植被结构简单,层次少且不明显,一般只能分出 1～2 层,最多 3 层,即小灌木和矮灌木层、草本层及藓类地衣层。藓类地衣层对群落起重要作用,灌木和草本植物的根、根茎、茎的基部以及植物的更新芽都隐藏在该层中,受到保护。由于生长期极短,冻原地带没有一年生植物,通常为多年生(地上芽和地面芽)植物,多数为矮生和垫状型常绿灌木,包括针叶灌木极柳、矮桧和具硬质扁平叶的越橘属牙疙瘩等。这些常绿植物当暖季来临可以较快进行光合作用,不必为形成新叶耽误时间。这种适应是由于近地面风速较小,土壤表层温度也较有利的缘故。

很多冻原植物能够耐受严冬酷寒而不损失营养器官,甚至不丧失花。例如北极辣根菜能耐受低达－46℃的低温。但冻原植物通常生长缓慢,例如一株十几厘米高的极柳树龄竟已近百岁,其枝条年增长仅 1～5 毫米。冻原植物大多为长日照植物,常具大型和鲜艳的花和花序。

(3)动物群特征:特殊而严酷的生境塑造了独特的冻原动物群:种类组成贫乏,物种多样性低,但富有特殊的生活型。典型冻原兽类为驯鹿、旅鼠、雪兔、北极狐,北美冻原还有麝牛,驯鹿和麝牛主要以苔藓为食。鸟类中具代表性的为雷鸟、雪鸮(即北极猫头鹰)等;夏候鸟以鹬类和雁鸭类居多,雀形目鸟类很少。这里种子植物稀少,以种子为食的啮齿类也极少。冻原没有两栖类和爬行类,昆虫种类也很少,但在水域附近夏季双翅目昆虫蠓蚋数量巨大,它们以吸食植物汁液为生。冻原景观开阔,动物缺少天然隐蔽条件,但因土壤有深厚永冻层,限制了动物挖洞穴居习性的发展,也难以挖掘土穴作为冬眠处所,冻原动物不冬眠。冻原昼长夜短甚至永昼无夜的夏季,是动物活跃的季节,鸟类会不分昼夜地进行寻食和育雏,从而保证在短暂的夏季完成整个繁育过程。冻原动物昼夜相不明显,但季相变化非常明显。严冬季节,白昼短促,日照微弱,寒风凛冽,候鸟迁往温暖的地方过冬;驯鹿也由冻原向南迁往针叶林带;留居种类如旅鼠、北极狐不冬眠,也没有贮藏食物的习性,而是在寒冬积极觅食。冻原地带的食物链由于生物种类贫乏而显得简单、易变,许多动物可随季节而改变食性。

冻原动物的数量在不同年份有大幅度的变动。许多种群数量变动呈现周期性,例如雷鸟、雪兔、旅鼠连同以它们为食的北极狐和雪鸮等,它们的数量每 3～4 年或 9～10 年波动一次,这种规律性的波动比其他地地带更为突出,这与当地生态系统食物链的易变性及脆弱性有关,也是冻原地带特殊的气候条件决定的。

冻原特殊生境导致动物在形态构造、生理及生态方面形成了许多适应特征。多数冻原动物身体毛长绒密,皮下脂肪层厚,耐寒力极强。驯鹿的蹄宽阔并能强度分开,适于在雪地和沼泽行走,具大规模集群长距离迁移的习性。麝牛亦喜集群活动,可用蹄刨掘雪下苔藓为食。北极狐脚掌下密生毛被,既可保暖又可防冰上奔走时打滑。冬季许多冻原动物如雪兔、北极狐、旅鼠等体毛变白,与雪地色调相协调。

六、水域生物群落

在水域生境中,通常依据水域中的含盐量区分海洋和淡水两类不同生境,相应地,水域生物群落区分为海洋生物群落和淡水生物群落。

海洋生境与陆地生境截然不同,海洋生物群落的种类组成、结构特征及生活型也就迥然有别。根据海洋环境的理化及生物学特点,一般将海洋分成三个生态带,即沿岸带(或浅海带)、大洋带(或开阔海带)和深海带(或深海底带),各带生活着相应的海洋生物群落(图6-1)。红树林、珊瑚礁和马尾藻海属于海洋中特殊的生物群落。

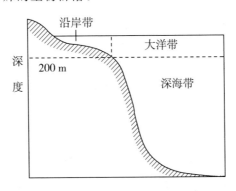

图 6-1 海洋的三个生态带示意图

沿岸带生物群落

沿岸带是指海陆连接处及大陆架水深 200 米以内的沿岸及浅海底部和水层区,其下限与海洋水生植物生长的下限一致;其水平距离在不同地区因海底倾斜的程度而有很大的差异。

（1）生境特点：沿岸带阳光充足，光照可从海面一直达到该带底部；此带海水温度与盐度变化大，愈接近大陆变化愈显著。沿岸带水的运动显著，如波浪、潮汐等，海洋涌浪和风暴潮的作用能够一直影响到这些浅水区域的底部。沿岸带具有不同基质如岩石基质、沙质、泥质等，还有珊瑚礁以及各种水生植物丛构成不同小生境。沿岸带与陆地联系密切，由河流或地表径流携带入海的营养物质比较丰富。而一些地方由于大量未经处理的工业废水和生活污水不断排入，致使沿岸带水域严重污染。

沿岸是海洋植物生长最茂盛而多样的地区，也有利于多种海洋动物的繁殖。生活在沿岸带的动植物，对于海水理化性质的变化适应性比较强。

（2）植物群落：沿岸带植物群落包括浮游藻类和底栖定生藻类。浮游植物的主要类别是硅藻和腰鞭毛藻（甲藻），其他微型鞭毛藻混合类群也很重要。近岸浮游植物（至少在温带地区）的数量有季节性周期变化。定生藻类中包括绿藻、褐藻和红藻类。以中国黄海沿岸带为例，限于潮间带生活的有海萝、江蓠、蜈蚣藻、角叉菜等；有些种类在潮间带和潮下带均有分布，如石花菜、海蒿子、皱紫菜、裙带菜以及属于潮下带的麒麟菜和海带等。在浅海底部，有时生长着繁盛的海草或大型海藻，构成了海草场或海草甸。

（3）动物群落：沿岸带动物群落的主要特点是种类丰富，生活方式多样，包括浮游的、游泳的、底栖固着的、底埋生活的和掘穴及钻蚀生活的等类型。

① 浮游动物。主要为甲壳动物桡足类、磷虾类等，以及原生动物有孔虫类、放射虫类和沙壳纤毛虫，软体动物的翼足类和异足类，小型水母类和栉水母，浮游被囊类，浮游多毛类和毛颚类等。季节性浮游动物也是一个重要组成部分，这是因为大多数底栖生物和很多自游生物幼体阶段是营浮游生活的。如藤壶的腺介幼虫、腔肠动物的浮浪游虫、软体动物的面盘幼虫、担轮幼虫以及鱼卵和仔鱼等。由于它们的亲体产卵季节不同，从而使得各时期都有大量的浮游动物。

② 底栖动物。在软底质（泥沙质）潮下带主要是一些营底埋或穴居生活的种类，包括多毛类、甲壳类、棘皮动物和软体动物等。多毛类蠕虫的代表是数量众多的筑管和钻洞类型如沙蚕等；甲壳类主要有介形类、端足类、等足类、糠虾和十足类等，它们主要栖息在泥沙表面；软体动物的代表主要是各种掘穴的双壳类和少数腹足类；潮下带常见的棘皮动物为海蛇尾、海参和

海胆等。此外,尚可见到一些特化的底栖鱼类如鲽类和鳐类。硬底质(岩石)底栖动物以营固着生活的动物占优势。如某些海绵、珊瑚、海葵、藤壶等,软体动物牡蛎、贻贝等,棘皮动物海百合以及尾索动物柄海鞘等。还有一些营钻蚀生活的动物如凿石蛤、船蛆等。还可见到一些爬行种类如滨螺、石鳖、海胆、海星等。

③ 游泳动物。浅海区游泳动物包括鱼类、大型甲壳类、爬行类(龟、鳖、海蛇)、哺乳类(鲸、海豹、海牛等)和各种海鸟组成的主动游泳者。其中以鱼类最占优势。世界主要渔场几乎全部位于大陆架或大陆架附近。海鸟、海龟和海豹等在陆地上繁殖,而其食物来源于海洋,它们是海洋与陆地的联系环节,其中,海鸟类多集中于近岸富有生产力的区域。

大洋带生物群落

大洋带包括沿岸带范围以外的全部开阔大洋的上层水域,其下限是日光能透入的最深界线,大约为 200 米,局部深达 400 米。大洋带面积广大。

(1) 生境特点:大洋带海水的理化条件比较稳定一致,盐度高且变化小,潮汐和波浪对生物生活影响不大;大洋表层阳光充足;温度条件在不同纬度地带的大洋带有明显的变化,尤其受暖流和寒流分布影响之处;大洋带营养盐类含量一般较低,食物不如沿岸带丰富,浮游植物作为海洋动物的基础食物;大洋带无基底,环境开阔,动物生活的隐蔽条件差。

(2) 植物群落:浮游生活类群包括硅藻、各门类微型藻类及它们的浮游孢子等。浮游植物体形微小,但数量很大,它们几乎全部为浮游动物所消费,物质运转速度快,是海洋物质循环的基础链环。

(3) 动物群落:大洋带动物群落完全由浮游动物和游泳动物所组成,动物种类较沿岸带贫乏。浮游动物中富有浮游原生动物,特别是有孔虫和放射虫类;水母、轮虫、桡足类、枝角类、磷虾等无论种类或数量都很多,是大洋鱼类及须鲸类的主要食物。大洋带游泳动物主要为鱼类,此外有能远距离迁移或洄游的鲸类、海豹、海龟及若干种大型头足类软体动物等。由于环境开阔,缺乏隐蔽条件,大洋鱼类都善于游泳,如鲨类、鲐、金枪鱼和飞鱼、旗鱼等。多种大洋鱼类保护色明显。

深海带生物群落

深海带一般为200～550米的大洋底部区域,是地球上最广大的一类生境区域。

(1)生境特点:深海带海水化学组成比较稳定,温度终年很低(-2℃),平均盐度高(34.8‰±0.2‰),含氧量低而恒定。深海底是柔软的细黏泥,深海带压力很大(水深每增加10米增加一个大气压),深海食物条件苛刻,全靠上层沉降而来的食物颗粒和动物性食物。因为深海无光,也就没有任何进行光合作用的植物,因此,整个深海带缺少植物群落。

(2)动物群落:深海带生境极其特殊而苛刻,只有少数能够适应深海条件的动物才能在此生存,深海动物无论种类组成或个体数量都非常贫乏。一般来说,生物量随深度的增加而减少。深海动物主要类群:无脊椎动物以海绵动物和棘皮动物占优势,其他为少数软体动物、甲壳类、腔肠动物和蠕虫类等;脊椎动物主要为一些特殊的深海鱼类。深海食物稀少,动物觅食不易,深海动物特别是鱼类,常具有很大的口、尖锐的牙和可以高度伸展的颌骨。如深海鮟鱇、大吞鱼、阔口鱼、宽咽鱼等。许多深海动物是碎屑食性,有些捕食其他活动物。深海光照特殊,在深海弱光带,许多动物眼极大,有的形成外突的鼓眼,以尽可能利用微弱的光线;但生活在深海无光带的鱼、虾类,视觉器官多退化,如瞎鱼;有的代之以发达的触须如树须鱼。有的鱼类背鳍鳍条高度延伸特化,其上有发光器官起诱饵作用,以吸引猎物。有的鱼类的诱饵就是长在它们颌上的鱼须。适应深水高压的特征,深海动物皮肤薄而有透气孔,体内无坚固的骨骼和有力的肌肉。深海动物较普遍地具有特殊的发光器官;许多低等深海动物整个体表都能发光,并能够感受由发光体发出的低强度而又短促的生物光。深海角鮟鱇是性寄生的特例,体型很小的雄鱼寄生在大体型雌鱼身上,利于在浩瀚而黑暗的深海中性成熟时卵子的受精。

淡水生物群落

(1)生境特点:淡水生物群落通常是互相隔离的,如湖泊、河流等群落。一般分为两类,即流水群落和静水群落。流水群落又进一步分为急流和缓流两类。急流群落水中的含氧量较高,好氧类群生活于此;急流生物多附在岩石表面或隐藏于石下,以防被水冲走。缓流生境底层易缺氧,栖居动物多属厌氧类群,底栖种类多埋入底质淤泥中。静水群落可分为若干带。沿岸带水浅,阳光能射入底层,常有根生植物生长,包括沉水植物、浮水植物和挺水植物等,并逐渐过渡为湿生的陆生群落。离岸较远的水体可分为上层的湖沼带和下层的深底带。湖沼带有阳光透入,能有效地进行光合作用,有丰富的浮游植物,主要是硅藻、绿藻和蓝细菌等。深底带由于没有光线,自养生物不能生存,消费者生物的的食物依赖于沿岸带和湖沼带下沉的食物颗粒。因此,湖泊的初级生产依靠于沿岸带的有根植物和湖沼带的浮游植物。温带的湖泊分为富养的和贫养的两类,富养湖一般水浅,贫养湖一般水较深。

(2) 淡水环境问题:淡水生物群落的生存与发展依赖于淡水环境。当前中国国内水环境污染十分严重,尤其是江河水体普遍遭到污染。尽管近二三十年来国家在水污染防治方面出台了一系列水质标准和法律法规,但水污染的发展趋势仍未得到有效控制,地表水流经城市及居民点的河段有机污染较重,城乡居民排放的生活污水和工业废水含有大量有毒有害物质,使得大多数河流都或多或少遭到污染,导致水源水质下降。河流水污染造成的危害影响范围大、历时长,其危害往往要在一个相当长的时期后才能表现出来。水污染不仅加重水资源的短缺,还造成了生态环境的恶化,一些沿河地区和城市由于河流水质被污染,居民饮用水的安全受到重大威胁。

中国是一个多湖泊国家,也是世界上湖泊类型最多的国家之一,调查显示,目前中国有湖面面积1平方千米以上的天然湖泊2 693个,如今,面临着湖泊萎缩干涸、大量消失的危机。中国科学院学者研究指出,近50年来中国消失的湖泊多达243个;再者湖泊干涸也是突出问题。湖泊干涸的"罪魁祸首"是大面积围垦,湖泊面积减少导致了调蓄能力的下降,加重了洪涝灾害。此外,中国湖泊目前还面临着富营养化、水华危害严重、生态退化、生物多样性减少、咸化碱化、资源价值丧失等多类"病症"。大量湖泊消失和功能退化已对生态环境及人类生存产生严重影响。

大陆水体还有一些特殊的群落类型,如温泉、盐湖等。

七、湿地生物群落

湿地的定义、特点与功能

（1）湿地的定义：湿地生物群落几乎存在于地球上任何部分，但是，人类对湿地真正价值的认识是近一二十年的事。湿地（wetland）一词，最早在1956年由美国鱼和野生生物管理局提出，定义为"被间歇的或永久的浅水层所覆盖的低地，以挺水植物为显著特点的浅湖和塘包括在内"。后经多年考察与研究，该管理局的科学家于1979年提出了湿地新的综合性定义：湿地是陆生系统和水生系统之间过渡的土地，在这些土地上，水位经常达到或接近地表，或为浅水所覆盖……湿地必须有下述三个特征中的一个：① 土地上至少周期性地生长优势的水生植物；② 基质中不透水的水成土壤占优势；③ 基质非土壤，在生长季的某些时候被水所饱和或被浅水所覆盖。上述两种湿地定义反映了美国科学家对湿地认识的发展，前者显然是湿地的狭义定义，即土壤水饱和或浅水淹没、水成土和水生植被三者都具备的土地才能称为湿地；后者显然为湿地的广义定义，即三者只要具备条件之一者就是湿地。

参照国际上的定义，目前中国多数学者采用的湿地定义为：陆缘含有60%以上湿生植物的植被区，水缘为海平面以下6米的水陆缓冲区。包括内陆与外流江河流域中自然的或人工的、咸水的或淡水的所有富水区域（枯水期水深2米以上的水域除外），不论区域内的水是流动的还是静止的、间歇的还是永久的。由此定义的概念出发，传统地球环境分类系统的一级划分由两个类型（陆地生物群落和海洋生物群落）扩展成三个类型（陆地、海洋及湿地生物群落）。

（2）湿地的基本特点：

① 湿地的资源特点。第一,潜在的土地资源。湿地中有很大一部分可以开辟为耕地、林地以及牧场。由于湿地土壤富含有机质,因而改造后往往成为高生产力的土地。第二,天然的基因库。湿地不仅是多种鱼类重要的生境,而且也是多种水禽、野生动植物的繁殖、栖息地或季节性生活环境,特别是许多濒危野生动物(如丹顶鹤、天鹅、扬子鳄等)的独特生境;湿地中蕴藏多种资源植物,有药用、造纸、纤维、浆果、蜜源、芳香植物等。第三,泥炭资源。第四,旅游资源和科研基地。

② 湿地群落的特点。一是脆弱性。易受自然和人为活动的干扰,生态平衡极易受到破坏,且破坏后难以恢复。二是高生产力。湿地是地球上最富有生产力的系统之一。湿地多样化的生物群落是其高生产力的基础。三是过渡性。湿地是介于陆生和水生群落之间的过渡型系统,表现出水陆相兼的分布规律,水陆界面的交错群落分布使湿地具有显著的边缘效应。

(3)湿地的功能:湿地由于其特殊的水文条件,支持了适应此条件的特殊生物系统。湿地有丰富的生物多样性和很高的初级生产力。湿地是具有多种功能和价值的生物群落,是人类最重要的环境资源之一。湿地在蓄洪防旱、调节气候、控制土壤侵蚀、促淤造陆、降解环境污染等方面起着极其重要的作用。

湿地的独特功能:① 清除污染。湿地水体与土壤及生活于其中的生物群落具有吸附、吸收和分解污染物及净化环境的功能,它们在去除悬浮物、促进营养物质循环、产生氧气等方面也有重要作用,因而湿地被誉为“自然之肾”。② 调节气候与水文。湿地积水,常形成特殊的局地小气候。湿地释放的甲烷、硫化氢、二氧化碳、氧化亚氮等气体对气候有一定影响。湿地具有重要的调蓄功能,对控制洪水、减缓洪峰冲击有重要作用。③ 物质生产功能。④ 独特的生物栖息生境。

湿地的类型

根据地貌、水文、植被、土壤、淹水程度和人为影响区分湿地的类型,主要包括沼泽湿地、滨海湿地以及淡水湿地生物群落等。滨海湿地生物群落又可因所在环境及群落组成的不同区分为红树林群落、盐沼群落、滩涂与潮间带群落及河口滨海湿地群落。淡水湿地显然包括符合湿地定义的河流、湖泊、水库、池塘等淡水浅水区。

（1）沼泽湿地群落：沼泽是一种湿生的群落类型，广泛分布于世界各地，常出现在土壤过湿、积水或有浅水层并常有泥炭的生境条件下，一般不能形成连续单独的植被带，而是散布在各种其他植被类型中，以寒温带针叶林带及苔原带中分布为多。沼泽中沼生植物占优势，它们大多是草本植物，也有木本植物。其共同特点是通气组织发达，有不定根及特殊的繁殖能力。

沼泽分为三类：① 木本沼泽，主要分布在温带地区。木本沼泽中既有乔木也有灌木，优势树木主要为杜香属、桦木属，灌木为桤木和柳等。② 草本沼泽，是主要的沼泽，其类型最多，面积也最大。草本沼泽表面往往比周围低，也称为低位沼泽；由于植物可以从富有营养物质的地下水中直接获得营养，又称其为富营养沼泽。草本沼泽物种组成丰富，生产力高，其中一般以苔草属植物占优势，禾本科芦苇、香蒲等也很多见。③ 苔藓沼泽，优势植物主要属于泥炭藓属的一些种类。在沼泽发育过程中，由于苔藓的不断积累而升高，最后超过其周围地面，故又称为高位沼泽。又因其表层隔断与地下水的营养联系，植物缺乏养分供应，特别是缺少氮素，又称贫营养沼泽，其中，某些植物由于营养不足发展了食虫的习性，成为奇特的"食虫植物"。

食虫植物是一类能够吸引和捕捉动物，并能产生消化酶和吸收分解出营养素而获得营养的自养型植物。食虫植物的大部分猎物为昆虫和节肢动物。据研究报道，世界已知食虫植物分属于 10 个科约 21 个属，有 630 余种。此外，还有超过 300 多个属的植物具有捕虫功能，但不具备消化猎物的能力，只能称之为"捕虫植物"。

（2）红树林群落：这是热带地区适应海岸和河口湾等特殊生态环境的一类常绿林或灌丛群落，广泛分布于赤道附近不受风浪冲击的平坦海岸及海湾浅滩上，其基质是通气不良的淤泥，且受海水潮汐的影响，在涨潮时仅见露出水面的树冠部分；退潮时露出树干以及特殊的营固着及呼吸作用的支柱根和呼吸根。红树林群落植物的支柱根最为发达，常交织成网状，扎入泥中，以抵抗涨潮时海水的冲击。因此，它是很好的堤防植被。红树林是由红树组成的群落，红树大约有 30 种，主要是属于红树科和马鞭草科的一些植物。中国红树林植物主要有红树科的秋茄、木榄和马鞭草科白骨壤等。

一些红树植物（如红海榄、木榄、秋茄等）具有"胎萌现象"。所谓胎萌现

象,是指果实在离开母树前就从母株吸取养分,生长发育成绿色的棒状胚轴,并利用胚轴上的皮孔换气。胚轴的下端较粗重而尖锐,胚轴成熟后从母体脱落,能顺利插入母树下的软泥中。如果胚轴顺利固着,几小时后即长出侧根,使幼苗固定在滩涂上。要是胚轴未能顺利固着,由于胚轴比水轻,则随海水漂流,一旦海潮将其冲击到合适的泥滩,胚轴也能固定并生根发芽,萌发为新植株。这种特别的"胎萌"繁殖方式,是红树植物占领泥滩生境、扩展分布范围的重要适应,为红树林群落"立足"热带海岸地带提供了必要的条件。

(3)盐沼群落:盐沼通常指沿海岸线受海洋潮汐影响的覆盖有草本植物群落含有大量盐分的湿地。盐沼植物是能够在含盐量高的沼泽中生长的植物类群。这类群落出现在有淤泥和泥沙积累的海岸水域,常见于河口和沙嘴的一侧。世界各地盐沼的植物种类不完全相同,常见的优势种类有大米草、互花米草、灯心草、盐角草等盐生植物。盐沼植物的生长使潮流缓慢下来,加速淤泥的沉积过程。充分发育的盐沼特征之一是出现小溪与排水道,并在盐沼上形成网络,而且成为潮水进出盐沼的通道。

(4)滩涂与潮间带群落:分布于陆地与海洋接壤的广大地区,该地区的生物能适应温度与盐度的复杂变化,具有对淡水与咸水双重适应能力。滩涂上的常见植物有芦苇、白茅、碱蓬等,它们的多度与盖度随土壤的含盐量而变化。生活在潮间带的生物具有抗御海浪冲击的能力,它们对温度和海水淹没及暴露等生态因子的急剧变化,发展了许多复杂的形态、生理及生态适应。潮间带生物因基质不同而划分为沙质、淤泥质和基岩等不同类型。

(5)河口滨海湿地群落:河口区是陆地进入海洋的特殊地区,营养物质沉积较多,为各种生物提供了丰富的营养,从而使其成为海洋生态系统中初级生产力最高的地区。例如黄河三角洲滨海湿地,是山东省境内最大也是最重要的河口滨海湿地,现已建成国家级自然保护区,也已被列入中国优先保护的湿地名录。

(6)人工湿地群落:包括人工开辟的稻田、虾田、蟹池等受人类控制和影响的一类湿地。

人类活动对湿地的影响

据统计,全世界有湿地 8.6 亿公顷,约占陆地总面积的 6.4%。近几十年来,由于人类的开发和利用,湿地面积现已大大缩减。估计自 1900 年以来,地球上已消失了将近一半的湿地。

当前由于农业开发、矿产开采、城市发展以及其他人为因素的影响,湿地面积(主要是天然湿地)已减少到令人十分担忧的地步。一些地区湿地遭到严重的破坏,表现在湿地泥沙淤积日益严重、物种栖息地丧失、生物多样性减少及污染加剧、水质劣化等。营养物富集是湿地受污染的主要表现形式。许多湿地接纳了来自城市的污水及农业区地表径流的富氮、磷化合物,使湿地水体严重富营养化,大型藻类迅速繁衍,有害浮游植物过量繁盛。农用化学品随径流进入湿地,是湿地水质变坏的主要原因。据统计,近 40 年来,中国已有 50％的滨海滩涂湿地不复存在;全国约 13％的湖泊已经消失;黑龙江三江平原 78％的天然沼泽湿地丧失;洪湖水生植物减少了 24 种,鱼类减少约 50 种;山东省南四湖在老运河、新薛河入湖口污染严重,该处湖中底栖动物绝迹,沉水和浮水植物全部死亡。

面对湿地的丧失、湿地的生态变化和陆地化,湿地的保护、恢复和调整越来越受到社会的重视。如何加强保存湿地的整合性及其功能,全面评价湿地系统的可持续性,应用生态技术与生态工程来恢复、调整湿地是目前及今后生态学研究的紧迫任务之一。

八、生态系统基本知识

生态系统是人类生存和发展的基础。然而，自 20 世纪 60 年代以来，随着世界人口的急剧增加，全球生态环境日益恶化，人类赖以生存的各级各类生态系统都不同程度地受到严重威胁。以生态系统的物质和能量的流通与转化为中心，对地球生态系统进行研究，已成为现代生态学的主流和前沿。

生态系统是生物群落与非生物环境之间不断地进行物质循环和能量流动过程而形成的统一整体。生态系统生态学就是以生态系统为研究对象，研究生态系统的组成要素、结构与功能、发展与演替，以及人为影响与调控机制的生态科学。研究的主要目的在于揭示地球表面各类生态系统的内在客观规律性，寻求生态学机制，提高人们对生态系统的全面认识，为指导人们合理地开发利用与保护自然资源，加强各级各类生态系统的管理，维持生态系统的功能，保持生态系统的健康，促进退化生态系统的恢复，以及创建和谐、高效、健康、可持续发展的生态系统提供科学依据。其研究对于人类持续生存有重大意义。

当前全球所面临的重大资源与环境问题的解决，都要依赖于对生态系统结构与功能、多样性与稳定性以及生态系统的演替、受干扰后的恢复能力和自我调节能力等问题的研究。生物群落中的动物、植物、微生物群落和它们所处的物理环境之间的密切关系早已被人所察觉，但全面、系统、深入，由定性到定量地研究这些关系却是近代的事。

生态系统的概念和特征

生态系统(ecosystem)一词是由英国植物生态学家坦斯利(A. G. tansley)于 1935 年首先提出的,生物群落与其无机环境共同构成的统一的物理系统,坦斯利称之为生态系统。他强调了生物有机体与无机环境之间不可分割的关系,并认为生物群落具有自我维持、复原和重建的能力,是生态系统的核心。他还认为,生态系统是生态学研究的基本单位,是生命界和非生命界相互关系所产生的一种稳定系统。概要来说,生态系统是指在一定空间区域内,生物群落与非生物环境之间通过不断的物质循环、能量流动和信息传递过程而形成的相互作用和相互依存的统一整体。研究生态系统的科学就叫生态系统学或生态系统生态学。坦斯利所提出的有关生态系统的最基本概念,直到现在仍为大家所公认,他因此被称为生态系统生态学的奠基人。

生态系统不论是自然的还是人工的,都具有以下共同特征:① 生态系统是生态学上的一个主要结构和功能单位,属于生态学研究的最高层次。② 生态系统具有自我调节能力。系统结构越复杂,物种数目越多,自我调节能力也越强。但这种调节能力是有限的,越过限度,调节也就失去了作用。③ 能量流动、物质循环和信息传递是生态系统的三大功能。能量流动是单方向的,物质流动是循环的,信息传递包括营养信息、化学信息、物理信息和行为信息的传递。通常,物种组成的变化、环境因素的改变和信息系统的破坏是导致自我调节失效的主要原因。④ 生态系统营养级的数目通常不会超过 6 个。⑤ 生态系统是动态系统,要经历从简单到复杂、从不成熟到成熟的发育过程。

将自然界看作统一的生态系统,是对我们周围生物世界的一种新看法,这个看法帮助我们从各个角度全面来了解和探索生物世界。生态系统的概念最大的价值,就是可以深刻地分析自然,从而正确地认识自然,恰当地改造自然。它也提供了度量生物界的食物热能生产和流动的基础。生态系统概念的提出为生态学的研究和发展奠定了新的基础,极大地推动了生态学的发展。目前在生态学研究中,生态系统生态学是最受重视和最活跃的一个研究领域。

生态系统的类型

依照不同的角度和划分标准,生态系统有多种不同的分类方法。

（1）从物理学角度分为隔离系统、封闭系统和开放系统三类。隔离系统是有严格边界的系统，其边界能阻止物质和能量的输入和输出；隔离系统只是一种理论上的系统，实际上所有的生态系统不可能与环境之间既无物质又无能量交换。封闭系统有边界，但只阻止系统与外界环境之间的物质交换，却允许能量的输入和输出。开放系统的边界是开放的，系统与环境间能进行物质及能量交换。自然生态系统几乎都属于开放系统，只有人工建立的完全封闭的宇宙舱才属于封闭系统，因为宇宙舱只允许阳光的透入和热量的散失，而物质只是在舱内的生物和非生物之间不断地循环，不与外界环境交换。

（2）从人对生态系统的影响分为自然生态系统和人工生态系统。热带雨林、珊瑚礁都属于典型自然生态系统，而农业生态系统和城市生态系统则属于人工生态系统。实际上，在自然生态系统和人工生态系统之间很难划出绝对的界限，因为在现今的地球上已很难找到一处不受人类活动影响的地方。

（3）按生态系统所在的环境分为淡水生态系统、海洋生态系统和陆地生态系统。淡水生态系统根据水的流速又可分为流水和静水两种类型。流动水主要指河流、溪流、水渠等水体，静水生态系统是指陆地上的淡水湖泊、沼泽、池塘和水库等不流动的水体所形成的生态系统，静水生态系统又可再划分成滨岸带、表水层和深水层3种亚系统。海洋生态系统可再划分为海岸带、浅海带、上涌带、远洋带及珊瑚礁等系统。而陆地生态系统则包括森林、草原、荒漠、冻原等类型，各类还可再细分。

（4）按人类对生态系统的利用方式的不同，可划分为放牧生态系统、农田生态系统和果园生态系统等。

（5）按能源特征（即能量来源和能流功率水平的特点），可将生态系统划分为四类：① 自然无补加的太阳供能生态系统；② 自然补加的太阳供能系统；③ 人类补加的太阳供能系统；④ 燃料供能的城市工业生态系统。

第① 类包括海洋、草原、深湖等多数自然生态系统，它们的能源完全依赖太阳辐射能，没有辅助能量，且往往受营养物质和水分等的限制，因而生产力低，但其具有提供氧气和调节气候等功能，对保持地球生态稳定性具有重要作用。第② 类包括潮汐带、河口湾和热带雨林等自然生态系统，它们具有自然提供的其他能源以辅助太阳能,从而增加了系统的能流规模,其生产力在自然生态系统中最高。第③类如农田、种植园、水产养殖等生态系统。人类向它们补加的能量主要是燃料、人力和畜力,使该类生态系统的生产力明显提高。第④类的能量来源是化石燃料、有机燃料和核燃料等,其功率水平比太阳供能系统高得多,但这类系统不能独立存在,必须依赖周围的生态系统。

生态系统的组成成分

任何一个发育完整的生态系统都是由两大部分、六大成分组成的。两大部分是指非生物部分和生物部分。

非生物部分包括:① 驱动整个生态系统运转的能源和热量等气候因子,主要指太阳能及其他形式的能源如温度、雨雪、风等。② 生物生长的基质和媒介,主要指岩石、沙砾、土壤、空气、水等。③ 生物生长代谢的材料,主要指参加物质循环的无机元素和化合物如氧、氮、二氧化碳和各种无机盐等,以及有机物质如蛋白质、糖类、脂类和腐殖质等。

生物部分包括:① 生产者,指能利用简单的无机物质制造有机物的自养生物,主要是各种绿色植物,也包括利用化学能的细菌及光合细菌。② 消费者,为异养生物,主要指以其他生物为食的各种动物,包括植食动物、肉食动物、杂食动物和寄生动物等。③ 分解者,为异养生物,主要是细菌、真菌、某些营腐生生活的原生动物和土壤动物如甲虫、白蚁、蚯蚓等。

对于一个生态系统来说,非生物成分是生物成分赖于生存和发展的基础,也是生物活动的场所及其生命活动所需的能量和物质的源泉。如果没有非生物成分形成的环境,生物就没有生存的场所,也得不到维持生命的能量和物质,因此,也就难以生存下去。如果仅有非生物环境而没有生物成分,也谈不上生态系统。因此,生态系统中的非生物成分和生物成分缺一不可。

生产者也叫初级生产者,它们通过光合作用把水和二氧化碳等无机物合成为碳水化合物、脂肪和蛋白质等有机化合物,并把太阳辐射能转化为化学能,贮存在有机物的分子键中,生产者仅为自身的生存、生长和繁殖提供营养物质和能量,它们合成的有机物也是消费者和分解者最初的能量来源。

消费者和分解者直接或间接地依赖于生产者,生产者是生态系统中最基本和最关键的生物成分。

在消费者中,植食动物(又称草食动物)指直接以植物为食的动物,如池塘中以浮游植物为食的浮游动物,草地上植食性的昆虫、野兔等。植食动物可统称为一级消费者。肉食动物指以植食动物为食的动物,如池塘中某些以浮游动物为食的鱼类,草地上以食草动物为食的捕食性鸟、兽。以植食性动物为食的食肉动物,可统称为二级消费者。大型肉食动物或顶极肉食动物指以食肉动物为食的动物,如池塘中的黑鱼或鳜鱼等吃其他鱼类的凶猛鱼,草地上的鹰、隼等猛禽,它们可称为三级消费者。寄生动物指以其他生物的组织液、营养物和分泌物为生的动物。杂食动物指那些兼吃动植物的动物。有些动物的食性随季节而变化,如麻雀在秋冬季以吃植物种子为主,在夏季生殖期间则以吃昆虫为主,也属于杂食动物。

分解者又称为还原者,其作用与生产者正相反,它们都属于异养生物。分解者分解死亡生物的残体、粪便和各种复杂的有机化合物,吸收某些分解产物,最终将有机物分解为最简单的无机物并释放到环境中,供生产者重新吸收和利用。分解者关系到系统的物质再循环,如果缺少了分解者,生物遗体和残余有机物很快会堆积如山,各种营养物质很快发生短缺,并导致整个系统的崩溃,因此分解者在任何生态系统中都是不可缺少的组成部分。

生态系统的基本结构

生态系统的结构是指系统内各要素彼此联系、相互作用的方式,是系统存在与发展的基础,也是系统稳定性的保障。什么叫系统?系统是指彼此间相互作用、相互依赖的事物有规律地联合的集合体,是有序的整体。一般认为,构成系统至少要有三个条件:① 系统是由许多成分组成的;② 各成分之间不是孤立的,而是彼此互相联系、互相作用的;③ 系统具有独立的特定的功能。生态系统的各组分只有通过一定的方式组成一个完整的、可以实现一定功能的体系时,才能称为完整的系统。

生态系统的基本结构包括形态结构和营养结构。形态结构指系统中的生物种类、种群数量、物种的空间配置以及物种随时间而发生的变化。它与生物群落的结构特征是一致的。营养结构是指一种以营养为纽带,把生态系统中的生物成分和非生物成分紧密结合起来,构成生产者、消费者和分解者三大功能群,能量流动、物质循环和信息传递成为系统三大功能的有机整体(图 8-1)。生态系统研究就是以营养结构研究为基础的。

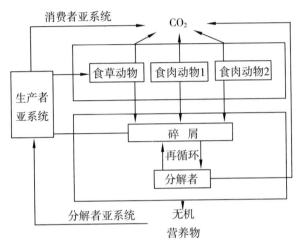

图 8-1　生态系统结构模式图

由图可见,一个生态系统通常包括三个亚系统,即生产者亚系统、消费者亚系统和分解者亚系统。三个亚系统相互作用,形成一个统一的整体,同时有生命的三个亚系统和非生物环境系统不断发生物质的循环和能量的流动,共同维持系统的稳定和发展。

食物链和食物网

(1)食物链的定义:在生态系统中许多物理的、化学的以及生理生化过程,都是以能量和物质的交换为基础的。而能量的流动,说白了是通过一系列"吃"和"被吃"的关系来传递的。各种生物按其食物关系排列的链状顺序就称为食物链,例如,草→兔→狐,意思是兔子吃草,狐吃兔子;又如树叶→蚜虫→瓢虫→小鸟→猛禽;还有浮游植物→浮游动物→小鱼→大鱼等,也都是表示后一种以前一种作为食物。民谚"大鱼吃小鱼,小鱼吃虾米,虾米吃紫泥",其实是食物链概念的通俗而生动的表述。古语"螳螂捕蝉,黄雀在后",从生态学角度来看,这实际上就是一条食物链,即叶汁→蝉→螳螂→黄雀。

英国生态学家埃尔顿(C. Elton)是最早提出食物链概念的学者,他认为生态系统受能量传递效率的限制,食物链的长度不可能太长,一般由4~5个环节构成。生态系统中的食物链不是固定不变的,它不仅在进化历史上有改变,在短时间内也会因动物食性的变化而改变。只有在生物群落组成中成为核心的、数量上占优势的种类所组成的食物链才是稳定的。

(2)食物链的基本类型:任何生态系统中都存在着两类最主要的食物链,即捕食食物链和碎屑食物链。前者是以活的动植物为起点的食物链,后者是以死生物或腐屑为起点的食物链。

① 捕食食物链。直接以生产者为基础,继之以植食性动物和肉食性动物,能量沿着太阳→生产者→植食性动物→肉食性动物的途径流动。如在草地上:青草→野兔→狐→狼;在湖泊中:藻类→甲壳类→小鱼→大鱼。

② 碎屑食物链。此链以碎屑为基础,植物的枯枝落叶被分解者利用,分解成碎屑,然后再为多种动物所食。其构成方式为枯枝落叶→分解者或碎屑→食碎屑动物→小型肉食动物→大型肉食动物。

在大多数陆地的浅水生态系统中,生物量的大部分不是在生活状态时被捕食,而是死后的残体被逐级分解,能量流动是以碎屑食物链为主。

③ 寄生食物链。除了碎屑食物链和捕食食物链以外,还有寄生食物链。由于寄生物的生活史很复杂,所以寄生食物链也很复杂。有些寄生物可以借助食物链中的捕食者而从一个寄主转移到另一个寄主。也有些寄生物能借助昆虫吸食血液而转移寄主。在这些寄生食物链内,寄主的体积最大,以后沿着食物链寄生物的数量越来越多,体积越来越小。例如老鼠→跳蚤→细菌→病毒。

(3)错综复杂的食物网:在生态系统中生物之间的取食和被食关系,用"链"表示很容易引起误解,使人觉得这是一串有次序的环节,而实际上在生态系统中谁吃谁是非常复杂的。如一只甲虫可能吃很多不同种类的植物;而很多种鸟、蜘蛛又可能吃这种甲虫,同时这些捕食者又都有一群天敌,这就使得食物链不限于简单的直线链状,而存在着错综复杂的联系。许多食物链彼此交错连接,形成一个网状结构,这就是食物网(图8-2)。

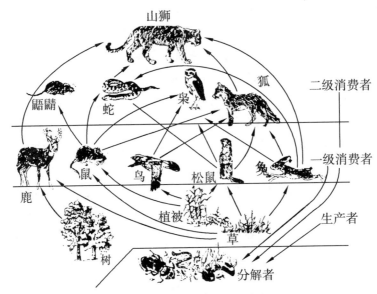

图 8-2　陆地生态系统的部分食物网

　　一般说来,生态系统中的食物网越复杂,抵抗外力干扰的能力就越强,其中一种生物的消失不致引起整个系统的失调,也就是说,复杂的食物网是使生态系统保持稳定的重要条件。例如,苔原生态系统结构简单,如果构成该系统食物链基础的地衣因大气中二氧化硫含量的超标而死亡,就会导致生产力毁灭性破坏,整个系统可能崩溃。

　　虽然在自然生态系统中,生物是以食物网的形式发生联系,但在实际工作中,食物链仍是一个非常重要的概念。为了研究的方便,通常在食物网中找出能流量大的环节组成的食物链,进行分析研究。人们不可能也没必要对食物网中每一个环节都进行细致研究。

营养级与生态金字塔

　　(1)营养级概念的提出:自然界中的食物链和食物网关系错综复杂,为了便于进行定量的能量流动和物质循环研究,生态学家提出了营养级的概念。一个营养级是指处于食物链某一环节上的所有生物种的总和。因此,营养级之间的关系就不是指一种生物同另一种生物之间的关系,而是指同一层次上的几种生物和另一层次上的生物之间的关系。营养级这一概念对于研究生态系统的食物能量关系十分有用,可以使人们不但从局部而且从整体了解和掌握能量逐级迁移、转化的实际情况。

生态系统中的能流是单向的,通过各个营养级的能量是逐级减少的。减少的原因是:① 各营养级消费者不可能百分之百地利用前一营养级的生物量,总有一部分会自然死亡和被分解者利用。② 各营养级的同化率也不是百分之百的,总有一部分变成排泄物而留于环境中,为分解者生物所利用。③ 各营养级生物要维持自身的生命活动,总要消耗一部分能量,这部分能量变成热能而耗散掉,这一点很关键,正是由于能流在通过各营养级时会急剧地减少,所以食物链就不可能太长,因此,生态系统中的营养级一般只有4~5级,很少有超过6级的。以常见的捕食链构成的营养级为例,即初级生产者营养级→植食动物营养级→一级肉食动物营养级→二级肉食动物营养级→顶级肉食动物营养级。

(2)金字塔式的生态锥体:定量研究食物链中各营养级之间的关系,通常可以用生态锥体来表示。一般说来,前一个营养级只能满足后一个营养级部分消费者的需要,随营养级的增多,每一营养级的物质、能量和个体数量递减。若以一个多层柱状体的横柱代表营养级,横柱的宽度表示各营养级的量,且按食物链中营养级的顺序由低至高排列起来,所组成的图形称为生态锥体,也称为生态金字塔。各营养级的量可以用数量、生物量或能量来表示,因此,生态锥体有数量锥体、生物量锥体和能量锥体三类(图8-3)。

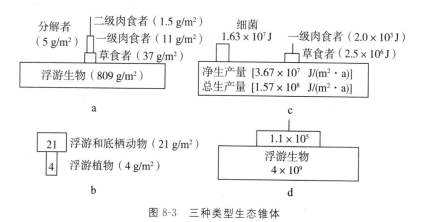

图8-3　三种类型生态锥体

① 数量锥体。以各营养级内的个体数量为指标绘制而成的生态锥体就

是数量锥体(见图 8-3d)。由于不同营养级的生物个体大小和数量多少相差悬殊,致使数量锥体的形状变化较大,甚至经常会出现上宽下窄的倒金字塔形(倒置现象)。若消费者个体大而生产者个体小,如草和兔,兔的数量少于草,数量锥体就是正金字塔形;若消费者个体小而生产者个体大,如树木和昆虫,昆虫的个体数量大大多于树木;对于寄生链来说,寄生者的量也往往多于宿主,这样就会使数量锥体的几个环节倒置过来。

②生物量锥体。以各营养级所包含的生物量为指标绘制而成的生态锥体就是生物量锥体。大多数情况下生物量逐级减少,锥体呈正金字塔形(见图 8-3a)。但生物量锥体有时也有倒置的情况(见图 8-3b)。例如海洋生态系统中,生产者(浮游植物)某一时刻调查所得的生物量,可能低于浮游动物的生物量,这时的生物量锥体就倒置。但这并非通过生产者环节的能量比消费者环节的少,而是由于浮游植物个体小,代谢快,生命短,调查的某一时刻的现存量反而要比浮游动物少,但一季或一年浮游植物的总能流量还是较浮游动物营养级的为多。

③能量锥体。从各营养级包含的能量为指标绘制而成的生态锥体就是能量锥体(见图 8-3c)。能量通过各营养级时急剧地减少,从一个营养级到另一个营养级的能量传递效率为 10%～20%,因此,每一个后继营养级一般仅为前一个营养级的 1/10 至 1/5 大小,能量锥体最能保持下宽上窄的金字塔形。

上述三种类型生态锥体,以能量锥体所提供的情况比较客观和全面。能量锥体以热力学为基础,能较好地反映生态系统内能量流动的本质。数量锥体可能过高估计小型生物的作用,而生物量锥体则可能过高强调大型生物的作用。

研究生态锥体(生态金字塔)对提高生态系每一级的能量转化效率、改善食物链上的营养结构、获得更多的生物产品具有科学指导意义。塔的层次多少与能量的消耗程度有密切关系,层次越多,贮存的能量越多。塔基宽,说明生态系统稳定,但若塔基过宽,能量转化效率低,能量浪费大。生态锥体直观地解释了生态系统中生物种类、数量的多少及其比例关系。

九、生态系统的能量流动 与物质循环

　　能量是生态系统的基础，一切生命活动都包含有能量的流动和转化。没有能量的流动就没有生态系统，也就没有生命。生态系统中能量的根本来源是太阳。太阳光照射到地球表面上，产生两种能量形式：一种是热能，它温暖着大地，推动水分循环，产生大气环流和水的循环；另一种是光化学能，它为植物光合作用所利用和固定，而形成碳水化合物及其他化合物，成为生命活动最初的能源。

　　能量在生态系统内的传递和转化服从于热力学第一和第二定律。热力学的第一定律即能量守恒定律，能量既不能创造，也不能消灭，只能从一种形式转化为另一种形式。对生态系统来说，进入系统的能量等于系统内依然存在的能量加上系统所释放的能量。热力学第二定律即熵定律。任何形式的能（除了热）在转化为另一种形式的自发转换中，不可能 100% 被利用，总有一些能量作为热的形式被耗散。也就是能量每一次转化都导致系统自由能的减少，熵值增加。熵是指热力体系中不能用来做功的热能。对生态系统而言，当能量以食物的形式在生物之间传递时，食物中有相当一部分能量被降解为热而消散掉（使熵增加），只有一小部分用于合成新组织作为潜能储存下来。因此，能量在生物之间每传递一次，大部分能量被降解为热而损失掉，这也就是为什么食物链的环节和营养级一般不会多于 6 个，以及能量金字塔必定呈正锥体形的热力学解释。

初级生产量和生物量

　　初级生产是指绿色植物的生产，即植物通过光合作用，吸收和固定光能,把无机物转化为有机物的生产过程。因为这是生态系统中第一次能量固定,所以称为初级生产。植物固定的太阳能或制造的有机物质的量就称为初级生产量或第一性生产量。动物和其他异养生物不能直接利用太阳能,而是靠消耗植物的初级生产量制造有机物质和固定能量,称为次级生产量或第二性生产量。

初级生产过程可用下列方程式表示:

$$6CO_2 + 12H_2O \xrightarrow[\text{叶绿素}]{\text{光能}(2.8 \times 10^6 \text{ J})} C_6H_{12}O_6 + 6O_2 + 6H_2O$$

式中:CO_2 和 H_2O 是原料,糖类$(CH_2O)_n$是光合作用形成的主要产物,如蔗糖、淀粉和纤维素等。

植物在单位面积、单位时间内,通过光合作用所固定的太阳能,称为总初级生产量(符号 GP),常用单位:$J/(m^2 \cdot a)$。

初级生产量有一部分供植物本身的呼吸消耗,剩余部分才用于植物的生长和生殖,这部分生产量称为净初级生产量(NP),而把包括呼吸消耗的能量(R)在内的全部生产量称为总初级生产量(GP),这三者之间的关系是:

$$GP = NP + R, \text{或 } NP = GP - R$$

初级生产量通常以每年每平方米所生产的有机物质干重(克)$(g/m^2 \cdot a)$或每年每平方米所固定能量值(焦)$(J/m^2 \cdot a)$表示。初级生产量也可称为初级生产力,它们的计算单位是一样的,但在强调"率"的概念时,应当使用"生产力"这一概念。

生物量是指在某一特定调查时刻,生态系统单位面积所累积下来的活有机质总量。生物量的单位通常是用平均每平方米生物体的干重(克)(g/m^2)或平均每平方米生物体的热值(焦)(J/m^2)来表示。生物量和生产量是两个完全不同的概念,生产量含有速率的概念,是指单位时间、单位面积上的有机物质生产量,而生物量是指在某一特定调查时刻单位面积上积存的活有机物质总量。

对生态系统中某一营养级来说,总生物量不仅因生物呼吸而消耗,而且也由于受更高营养级动物的取食和生物的死亡而减少。

一般来说,在生态系统演替过程中,通常 GP>R,NP>0,净生产量中除去被动物取食和死亡的一部分,其余转化为生物量,并随着时间的推移而渐渐增加,表现为生物量的增长。当生态系统演替达到顶极状态时,生物量便不再增长,保持一种动态平衡(此时 GP＝R)。在顶极状态的生态系统中,虽然生物量最大,但对人的潜在收获量却最小(即净生产量最小)。另外,当生物量很小时,如树木稀疏的森林和鱼数不多的池塘,就不能充分利用可利用的资源和能量进行生产,生产量当然也不会高。了解和掌握生物量和生产量之间的关系,对于决定森林的砍伐期和砍伐量、经济动物的狩猎时机和捕获量、鱼类的捕捞时间和鱼获量等都具有重要的指导意义。

全球初级生产量分布特点

地球上初级生产量的分布是不均的,主要特点是:① 陆地比水域的初级生产量大,原因是占海洋面积最大的大洋区缺乏营养物质,其生产力很低,平均仅 125 克/(米^2·年),其实是"海洋荒漠"。② 陆地上初级生产量随纬度增加逐渐降低,即从热带到亚热带,经温带到寒带逐渐降低。热带雨林生产力最高,平均 2 200 克/(米^2·年)。由热带雨林向亚热带常绿林、温带落叶林、北方针叶林、稀树草原、温带草原、冻原和荒漠依次减少,以荒漠最低,平均仅 3 克/(米^2·年)。低纬度地带最富有生产力,表明温度和太阳辐射是初级生产力的重要因素。③ 无论是水体或陆地生态系统,初级生产力都有垂直变化规律。对植物的地上部分来说,乔木层的生产力最高,灌木层就低了很多,地表草本层的生产力更低。水体生态系统也有类似规律。④ 海洋中初级生产量有由河口湾向大陆架和大洋区逐渐降低的趋势。河口湾由于有大陆河流的辅助能输入,它们的净初级生产力平均为 1 500 克/(米^2·年),产量较高。但河口湾面积不大。⑤ 生态系统的初级生产力,往往随系统的发育年龄而改变。

初级生产的生产效率

初级生产量的大小,就是生态系统总光合作用制造有机物质的总量或贮存的总能量。生产效率是指植物的生产量(P_n)与同化的能量(A_n)的比值,即生产量占同化量的百分比,其余部分以呼吸散热而损失。对初级生产效率的估计,可以一个最适条件下的光合效率为例,如在热带一个无云的白天,或温带仲夏的一天,太阳辐射的最大输入可达 2.9×10^7 焦/(米^2·年)。

扣除 55% 属于紫外线或红外辐射（可见光以外）的能量，加上一部分被反射的能量，真正能为光合作用所利用的就只占辐射能的 40.5%，再除去非活性吸收和不稳定的中间产物，能形成糖类的就约为 2.7×10^6 焦/（米²·年），相当于 120 克/（米²·年）的有机物质，这是最大光合效率的估计值，约占总辐射能的 9%。但实际测定的最大光合效率值只有 54 克/（米²·年），接近理论值的 1/2。大多数生态系统净初级生产量的实测值都远远低于此值，由此可见净初级生产力不是受光合作用转化光能的能力所限制，而是受其他生态因素所限制。

从上世纪 40 年代末以来，对各生态系统的初级生产效率作了大量研究表明，生产效率随讨论的有机体分类阶元而变化。微生物寿命短，种群周转快，具有高生产效率；无脊椎动物一般具有较高的生产效率（30%～40%），呼吸丢失的热能很少；脊椎动物中，外温动物生产效率中等（10%），而内温动物因维持恒温而消耗大量能量，只有 1%～2% 的同化能量转化为生产力。身体大小像老鼠一样的内温动物，其生产效率（P_e 值）最低。一般说来，内温动物的 P_e 值随身体增大而增高，外温动物则随体形增大而降低。

初级生产量的限制因素

影响生态系统初级生产力的因素很多，如光照、温度、生长期的长短、水分供应状况、可吸收矿物养分的多少和动物采食情况等。

（1）陆地生态系统的限制因素：光、二氧化碳、水和营养物质是初级生产量的基本资源，温度和氧气是影响光合效率的主要因素。而食草动物的捕食则减少光合作用生物量。

植物群落生产量归根结底是受太阳入射光辐射总量所决定，但群落利用光辐射是不充分的。一般情况下，植物有足够的可利用的光辐射，但并不是说光辐射不会成为限制因素，例如冠层下的叶子接受光辐射可能不足，白天中有时光辐射低于最适光合强度，对 C_4 植物可能达不到光辐射的饱和强度。

水最容易成为限制因子，各地区降水量与初级生产量有着密切的关系。在干旱地区，植物的净初级生产量几乎与降水量呈线性关系，但在湿润地区，一般净初级生产量有一个峰值，超过此值再增加降水，生产量也不再升高。

温度与初级生产量的关系比较复杂,温度上升,总光合速率升高,但超过最适温度则转为下降,而呼吸速率则随温度上升而呈指数上升,其结果是净生产量与温度呈峰型曲线。

各种森林类型的初级生产量变化很大,其中常绿阔叶林的初级生产量在生产林中是最高的。一般来说,在气候条件相同的情况下,不同森林之间生产力的差异主要归因于生长季节长度的变化和叶面积指数的变化。针叶林比落叶林生产力高,主要原因是针叶林比落叶林的叶面积大。草地的初级生产量主要取决于草原的 C_3 植物和 C_4 植物相对量的大小,C_3 植物初级生产量与温度密切相关,而且温度越高,其生产力就越低;C_4 植物的生产量主要与降雨量有关,而且降雨越多生产量就越高,这说明在草原生态系统中,温度和湿度是初级生产的主要限制因素。其次与土壤类型以及土壤含水量和养分等也有关。营养物质是植物生产力的基本资源,最重要的是氮、磷、钾。对各种生态系统施加氮肥都会增加初级生产量。

近年研究还发现一个普遍规律,即地面净初级生产量与植物光合作用中氮的最高积聚量呈密切的正相关。

(2)水生生态系统的限制因素:光是影响水体(海洋、湖泊)生态系统的最重要因子,光在海洋、湖泊中穿透深度对初级生产量的影响是很大的。水极易吸收太阳辐射,在距水面以下不远处,便有一半的太阳辐射被吸收,即便是在很清澈的水域中,也只有 $5\% \sim 10\%$ 的光可以照射到 20 米深处。一般情况下,随着水深增加光衰减得越快,但光强度过高也会限制绿色植物的光合作用。在海洋生态系统中,光是限制其初级生产量的主要因子。从极地到热带,光辐射总量的变化是很大的,热带和亚热带海洋应具有最高的初级生产量,极地海洋冬季光辐射弱是初级生产力的限制因子。

除光因子外,海洋净初级生产力的限制因素还有营养物和温度条件等。营养物质中,最重要的是氮和磷,有时还包括铁。海洋生态系统中有一个明显的规律,即浮游植物主要生活在海洋表层,但海洋表层磷和氮的浓度却很低,而在深水中反而含有高浓度的营养物质。马尾藻海位于大西洋的亚热带部分,是世界海洋中水质最清晰透明的海区,海洋表面所含的营养物质很少。施肥试验证明,施加肥料后能明显地刺激马尾藻海水中初级生产量的大幅度提高,但作用期却甚短。在此处亚热带海洋中,太阳辐射对光合作用是足够的,但缺少的是营养物质。与陆地生态系统相比,海洋生态系统的生产力明显偏低,原因就在于海水中缺乏营养物质。

在淡水生态系统中,影响初级生产量的生态因素主要是营养物质、光照状况和植食动物的取食量,营养物质中最重要的是氮和磷。

次级生产过程

次级生产是指消费者和还原者的生产,即消费者和还原者利用净初级生产量进行同化作用的过程,表现为动物和微生物的生长、繁殖和营养物质的贮存。次级生产速率也就是异养生物生产新生物量的速率。

总的说来,次级生产力是受到初级生产量和热力学第二定律制约的。净初级生产量是一切消费者的能量来源。从理论上讲,净初级生产量可能全部被异养生物所利用,转化为次级生产量(如动物的肉、蛋、奶、毛皮、骨骼、血液等)。实际上,任何一个生态系统中的净初级生产量都可能流失到生态系统以外。对动物来说,或因得不到,或因不可食,或因动物种群密度低等原因,总有一部分未被利用,即便是被动物吃进的食物,也还有一部分会通过动物的消化道被排出体外,食物被消化利用的程度将依动物种类不同而大不相同。动物吃进的食物中有一部分以排粪、排尿的方式损失掉了,并不能全部同化和利用,在被同化的能量中,有一部分用于动物的呼吸代谢和生命的维持,最终以热的形式消散掉,剩下的那一部分才能用于动物各器官组织的生长和繁殖新个体。这就是我们所说的次级生产量。图解表示如下:

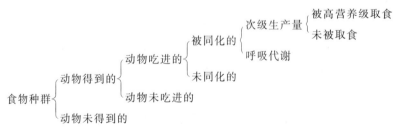

对于一个动物种群来说,其能量收支情况可以用下列公式表示:

$$C=A+FU, A=P+R$$

其中：C代表动物从外界摄取的能量，A代表被同化的能量，FU代表以粪尿形式损失的能量。P代表次级生产量，R代表呼吸过程中的能量损失。

上两式可改成：

$$P=C-FU-R$$

其含义是次级生产量等于动物吃进的能量减掉粪尿所含有的能量，再减去呼吸代谢过程中的能量损失。

次级生产的生产效率

所有的生态系统中，次级生产量要比初级生产量少得多。不同生态系统中食草动物利用或消费植物净初级生产量的效率是不相同的。小型浮游植物的消费者（浮游动物）种群增长率高，世代短，密度很大，利用净初级生产量比例最高；草本植物的种群增长率高，支持组织比木本植物的少，能提供更多的净初级生产量为食草动物所利用；乔木有大量非光合生物量，世代时间长，种群增长率低，动物对其利用比率最低。

如果生态系统中食草动物将植物生产量全部吃光，它们自身也必将全部饿死。同样道理，植物种群的增长率越高，种群更新得越快，食草动物就能更多地利用植物的初级生产量。由此可见，上述结果是植物—食草动物系统协同进化而形成的，它具有重要的适应意义。同理，人类在利用草地作为放牧牛羊的牧场时，不能片面地追求牛羊的生产量而忽视牧场中草本植物的状况。草场中草本植物质量的降低，就预示着未来牛羊生产量的降低。

食草动物和食碎屑动物的同化效率较低，而食肉动物的同化效率较高。在食草动物所吃的植物中，含有一些难消化的物质，因此，通过消化系统排遗出去的有机物是很多的。食肉动物吃的是动物的组织，其营养价值较高，但食肉动物在捕食时往往要消耗许多能量，因此，食肉动物的净生产效率反而比食草动物低。这就是说，食肉动物的呼吸或维持消耗量较大。此外，在人工饲养（或在动物园）条件下，由于动物活动减少，净生产率也往往高于野生动物。

动物的生长效率与呼吸消耗呈明显负相关，随动物类群而异。一般说来，无脊椎动物呼吸丢失能量较少，能将更多的同化量转变为生长能量，因而生长效率（30%～40%）较高；外温性脊椎动物生长效率居中，约10%；内

103

温性脊椎动物维持体温需消耗很多能量,它们的生长效率很低,仅 1%～2%。个体较小的内温性脊椎动物生产效率最低,而个体小、寿命短、种群周转快等原生动物,具有很高的生产效率。

生态系统的物质循环

物质是维持生命活动的基础,生命的维持和延续所需能量依赖于各种物质。对于大多数生物来说,有大约 20 种元素是生命活动所不可缺少的,有些元素需要量虽少,但不可缺乏。生物所需的大量元素包括碳、氧、氢、氮和磷等,其含量超过生物体干重 1% 以上;生物所需的常量元素包括硫、氯、钾、钠、钙、镁、铁和铜等,其含量占生物体干重 0.2%～1%;生物所需的微量元素有铝、硼、溴、铬、钴、氟、碘、锰、钼、硒、硅、锌等,它们在生物体内的含量一般不超过生物体干重的 0.2%,而且不是所有生物体内都含有。讨论营养物质在生态系统中移动、循环的规律是研究生态系统功能的重要方面。

生态系统之间矿物元素的输入和输出,它们在大气圈、水圈、岩石圈之间以及生物与生物之间的流动和交换称为生物地球化学大循环,简称"生物地化循环",也即物质循环。

物质循环的动力来自能量,物质是能量的载体,保证能量从一种形式转变为另一种形式,生态系统中的物质循环和能量流动是紧密相关的。能量通过生态系统各营养级逐级递减并以热能形式耗散,而生命元素物质则可被生态系统的生物成员反复循环利用。

生态系统的物质循环是个复杂过程,涉及的元素众多,在循环过程中物质的氧化、还原、组合、分解受到环境温度、湿度、酸碱度以及土壤母质等理化条件的作用,从而影响其转化过程。

物质在循环过程中都存在一个或多个贮存场所,这些贮存场所称为"库"。库分为贮存库和交换库两类。贮存库多属于非生物成分,其特点是库容量大,元素在库中滞留时间长,流动速率低;交换库多属于生物成分,其特点是库容量较小,元素滞留时间短,流速较高。如在一个湖泊生态系统中,水体中的磷是第一个库,浮游植物的含磷量是第二个库。这些库借助有关物质在库与库之间的转移而彼此相互联系。

物质循环的类型:从生物圈整体观点出发,尽管化学元素各有其特性,但其属性可依类别划分和归纳,据此生物地化循环可分成水循环、气体型循环和沉积型循环三类。碳、氮、氧等元素的主要贮库是大气,并在大气中以气态出现,属于气体型循环。磷、硫等元素的主要贮库是土壤、沉积物和地壳,属于沉积型循环。

水的全球循环

水是地球上最丰富的无机化合物,也是生物组织中含量最多的一种化合物。水具有可溶性、可动性和比热高等理化性质,它是地球上一切物质循环和生命活动的介质。没有水循环,也就没有生物地化循环;没有水循环,生态系统就无法启动,生命就会死亡。

水的主要循环路线是从地球表面通过蒸发进入大气圈,同时又不断从大气圈通过降水而回到地球表面。每年地球表面的蒸发量和全球降水量是相当的,这两个相反的过程达到了一种平衡。陆地的降水量大于蒸发量,而海洋蒸发量大于降水量,海洋亏缺部分通过陆地源源得到补充。生物在全球水循环过程中所起的作用很小,虽然植物通过光合作用吸收大量水,但通过呼吸和蒸腾作用又把大量的水送回(图9-1)。

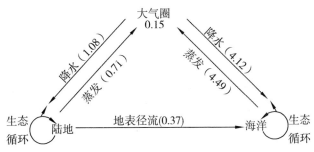

图 9-1　水的全球循环

地球表面及其大气圈的水只有大约5%是处于自由的可循环状态,其中的99%是海水。令人惊异的是,地球上95%的水是结合在岩石圈和沉积岩里的水,这部分水是不参与全球水循环的。

人类活动影响全球水循环,从而改变局域的水源。如空气污染影响降水的质和量,除造成酸雨外,近代降雪中的铅含量也有所增加,从而污染淡水水域。又如人为改变地面,不透水的硬地表减少浸润入土壤的水分,增加地表径流,带来大量的污染物和沉积物,使江河湖泊的沉积量加大。另外,开矿、农业耕作、森林砍伐等都会使水土流失增加,河流湖泊变浅。许多地方尤其是城市地区过度利用地下水,致使水位明显下降,严重时引起地面下沉。

人类为用水方便及防止水灾、提供电力,通过修筑水库、建坝造渠,从丰水地区引水到缺水地区,改变了地球上水量的分配,但也会带来一些负面影响和潜在问题。

人工降雨也是人们向自然索取水资源的一种措施,就是在云中播散碘化银微粒、促进水气的凝结而降雨。由于这些微粒本身并不能产生水气,一个地方进行了人工降雨,另一个地方的雨量就会减少,因此目前对于人工降雨尚有不同看法。

气体型循环

(1) 碳循环与温室效应:碳是生命物质的骨干元素,是所有有机物的基本成分,它的作用仅次于水。

碳循环包括的主要过程有:① 碳的同化过程和异化过程主要是光合作用和呼吸作用;② 大气和海洋之间的二氧化碳交换;③ 碳酸盐的沉淀作用。

大气中的 CO_2 是含碳的主要气体,也是碳参与循环的主要形式。碳循环的基本路线是从大气储存库到植物和动物,再从动植物通向分解者,最后又回到大气中去。在这个循环路线中,大气圈是碳(以 CO_2 的形式存在)的储存库,CO_2 在大气中的平均浓度是 0.032%。海洋是最大的碳库,它是大气碳库的 56 倍,陆地植物的含碳量略低于大气。最重要的碳流通途径是大气与海洋之间的碳交换和大气与陆地植物之间的碳交换,大气中每年约有 1 000 亿吨的 CO_2 进入水中,同时水中每年有相当数量的 CO_2 进入大气。碳在大气中的平均滞留时间大约 5 年。如果生物在腐败或分解之前被保存在海洋、沼泽和湖泊的沉积物中,那么其中含有的碳在相当长一段时间内脱离碳循环(图 9-2)。

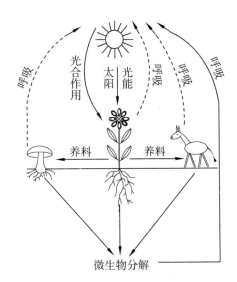

图 9-2　全球碳循环示意图

碳在生态系统中的含量过高或过低,都能通过碳循环的自我调节机制而得到调整,并恢复到原有的平衡状态,但碳循环的自我调节机制能在多大程度上忍受人类的干扰,目前还不十分清楚。由于受很多因素的影响,大气中的 CO_2 是有变化的,包括日变化和季节变化等,其原因可能是人类通过化石燃料的大规模使用,从而造成对于碳循环的重大影响,可能是当代气候变化的重要原因。

一般说来,大气中 CO_2 浓度基本上是恒定的。但是,近百年来由于人类活动对碳循环的影响,一方面工业发展中大量化石燃料的燃烧,另一方面森林的大量砍伐,森林面积的急剧减少,使得大气中的 CO_2 含量呈上升趋势。由于 CO_2 对来自太阳的短波辐射有高度的通透性,而对地球反射回来的长波辐射有高度的吸收性,这就有可能导致大气层低处的对流层变暖,而高处的平流层变冷,这一现象称为温室效应。温室气体除 CO_2 外,还有甲烷、氧化氮和水蒸气等。温室效应可引起未来全球性气候改变,促使极地冰雪融化,海平面上升。虽然 CO_2 对地球气候影响作用的大小还有待进一步研究,但大气中 CO_2 浓度不断增高,对地球上生物肯定具有不可忽视的影响。

(2)氮循环和水体富营养化:氮也是构成生命物质的重要元素之一,是蛋白质和核酸的基本组成成分。在生态系统的非生物环境中有 3 个氮库:大气、土壤和水。大气是最大的氮库,土壤和水中的氮库比较小。大气中 N_2 含量占 79%,但绿色植物不能直接利用气态氮,必须通过固氮作用将氮与氧结合成为硝酸盐或亚硝酸盐,或者与氢结合形成氨盐后,植物才能利用。因此以无机氮形式和有机氮形式存在的氮库对生物最为重要。

固氮的途径有三条:① 生物固氮,属于天然固氮方式。这是最重要的固氮途径,约占全球固氮量的 90%。能进行固氮作用的生物主要是固氮菌、与豆科植物共生的根瘤菌和蓝细菌等微生物。② 高能固氮。通过闪电、宇宙射线、陨石、火山爆发等所释放的能量进行固氮,形成的氨或硝酸盐随着降雨到达地球表面,也属于天然固氮方式。③ 工业固氮。随着工农业的发展,工业固氮能力越来越大。上世纪 80 年代全球工业固氮能力为 30×10^{12} 克(氮)/年,20 世纪末约为 100×10^{12} 克(氮)/年,包括氮肥生产约 80×10^{12} 克(氮)/年和使用化石燃料释放量约为 20×10^{12} 克(氮)/年。工业固氮已对生态系统中氮的循环产生了重要的影响(图 9-3)。

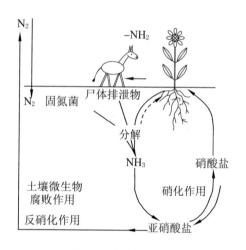

图 9-3　全球氮循环

自然界的氮循环过程非常复杂,循环性能极为完善,包括氨化作用、硝化作用和反硝化作用。氨化作用也称矿化作用,即氨化细菌和真菌将含氮的生物大分子(蛋白质或核酸)分解生成小分子有机氮(氨基酸或核苷酸),释放出氨与氨化合物的过程。氨化过程是一个释放能量的过程,这些能量被细菌用来维持其基本生命活动。硝化作用是氨的氧化过程,第一步是亚硝化细菌把氨或氨盐转变为亚硝酸盐($NH_4^+ \rightarrow NO_2^-$);第二步是硝化细菌再把亚硝酸盐转变为硝酸盐（$NO_2^- \rightarrow NO_3^-$）。这些细菌都是具有化能合成作用的自养细菌，它们从这一氧化过程中获得自己所需要的能量。亚硝酸盐和硝酸盐能直接供植物吸收利用，或在土壤中转变为腐殖质的成分，或被雨水冲洗携带，经河流到达海洋，为水生生物所利用。反硝化作用也称脱氮作用，是指由细菌和真菌参与的把硝酸盐等较复杂的含氮化合物转化为简单的 N_2、NO 或 N_2O 的过程，第一步是硝酸盐还原为亚硝酸盐，释放 NO。这类情况出现在陆地渍水和缺氧的土壤中，或水底的沉积物中，它由异养细菌如假单孢杆菌所完成；亚硝酸盐进一步还原产生 N_2O 和分子氮（N_2），两者都是气体，返回到大气氮库中。

目前，全球由于工业固氮量的日益增加，影响到氮循环的平衡，大量有活性的含氮化合物进入土壤和各种水体以后对环境产生很大影响，常常使池塘、湖泊、河流、海湾等水体过度"肥沃"，造成水体富营养化，蓝细菌和其他细菌种群大爆发，继而死亡，其分解过程大量掠夺其他生物所必需的氧，造成鱼虾、贝类因缺氧而大规模死亡。这种现象发生在江河湖泊中称为水华，发生在海洋中则称为赤潮。造成水体富营养化、引起水华和赤潮的原因，除过多的氮以外，还有磷的增多，两者经常是共同起作用的。

人类从合成氮肥中获得巨大好处，但没能及早预见其对于环境的不良后果。进一步重视氮循环收支状况并加强科学研究是当前全球生态学的重要任务。

（3）氧的循环：动植物日夜均需吸收氧气以维持生命，氧气是从大气层来的。在水和食物中也可以得到氧气。在生命活动过程中，有机分子释放热量时，放出的氧和氢往往结合成为水，这些水分子可由有机体保留再用，或者排出体外（图9-4）。

绿色植物进行光合作用产生的氧气放出于空气或水中。人们相信，今日大气层中的大部分氧气，就是很久以前植物制造出来的。而今天的大气平衡

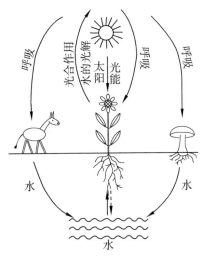

图 9-4　全球氧循环

也要靠动植物放出的二氧化碳和氧的交替变化来维持。

沉积型循环

（1）硫循环：硫是蛋白质和氨基酸的基本成分，但含量很低。自然界中主要存在元素硫、亚硫酸盐和硫酸盐。

硫循环的特点是既属沉积型，也属气体型。岩石圈是硫的主要储存库，以硫化亚铁（Fe_cS_2）的形式存在。海洋也是一个巨大的硫库，硫存在水体中大量呈可溶态。硫循环有一个长期沉积阶段和一个较短的气体阶段。在沉积阶段中，硫被束缚在有机和无机的沉积物中，只有通过风化和分解作用才被释放出来，并以盐溶液形式被携带到陆地和水生生态系统中；在气体阶段，硫可以在全球范围内进行流动。

硫循环涉及许多微生物的活动，生物体需要硫合成蛋白质和激素。植物所需要的硫主要来自于土壤中的硫酸盐，同时可以从大气中的二氧化硫获得。植物中的硫通过食物链被动物所利用，动植物死亡后，微生物对蛋白质进行分解，将硫以硫化氢或硫酸盐的形式释放到土壤中（图9-5）。

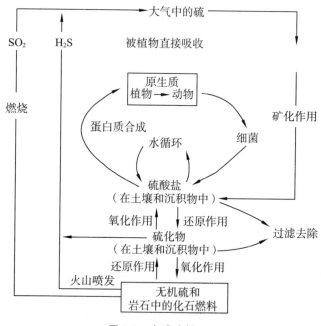

图9-5　全球硫循环

　　人类活动对硫循环的影响很大,通过燃烧化石燃料,人类每年向大气中输入的二氧化硫已达 1.47 亿吨,其中 70% 来源于煤燃烧。大气中二氧化硫和一氧化氮在强光照射下,进行光化学氧化作用,并和水气结合而形成硫酸和硝酸,使雨雪的酸碱度(pH)下降。一般 pH 小于 5.6 的雨水称为酸雨。上述这些类强酸在地下水中解离,能直接伤害植物,1% 浓度的二氧化硫能使棉花、小麦和豌豆等农作物明显减产。另外酸雨能引起土壤性质改变,主要是使土壤酸化,影响微生物数量和群落结构,抑制硝化细菌、固氮细菌等的活动,使有机物的分解、固氮过程减弱,因而土壤肥力降低,生物生产力明显下降。酸雨已成为全球性重大环境问题之一。

　　最近研究发现,酸雨对人体也带来不利的影响。据分析,酸雨中含有少量的汞和镉等重金属,这些有毒的金属会通过水体和土壤进入动物和植物体内,并逐步积累起来,然后再随食物链进入人体,对人类健康构成严重威胁。

　　(2) 磷循环:生物有机体内磷含量仅占体重的 1% 左右,但磷是生物不可缺少的重要元素,生物的代谢过程都需要磷的参与。磷是构成核酸、细胞膜和骨骼的重要成分。特别是生物体内一切生化反应所需能量的转化都离不开磷。

　　磷不存在任何气体形式的化合物,所以,磷循环是典型的沉积型循环。磷一般有两种存在形态:岩石态和溶解态。磷循环都起始于岩石的风化,终于水中的沉积。天然磷矿是磷的主要储存库,由于风化、侵蚀作用和人类的开采活动,磷元素才被释放出来。部分磷元素经由植物、植食动物和肉食动物而在生物之间流动,待生物死亡后分解成无机离子重新回到环境中,再被植物吸收。在陆地生态系统中,磷的有机化合物被细菌分解为磷酸盐,其中一些又被植物吸收,另一些则转化为不能被植物利用的化合物。陆地的部分磷元素则随水流进入湖泊和海洋。

　　全球磷循环的最主要途径是磷元素从陆地(土壤库)经河流到达海洋。磷素从海洋再返回陆地是十分困难的,海洋水体上层往往缺乏磷,而深层为磷所饱和,磷大部分以磷酸盐形式沉积海底,长期离开循环圈。因此,磷循环属于不完全循环,需要不断补充磷元素进入循环圈。

　　进入深海的磷又如何重新回到陆地、投入循环,主要通过 3 个途径:① 水的上涌流携带到上层水体,又被冲到陆地上来。② 海平面的变迁,过去曾被海水淹没的地区,由于地质的变迁成为陆地,这样,通过磷酸盐风化重又进入循环。③ 捕捉海鸟和捕捞水产品可能使一部分磷重返陆地(图 9-6)。

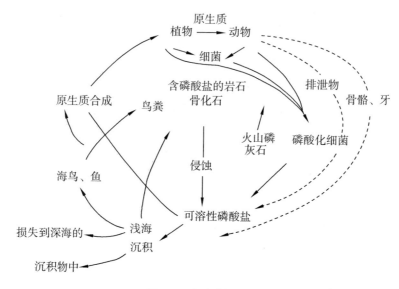

图 9-6 全球磷循环

由于磷元素的匮乏和农业生产的需要,磷的循环备受人们关注。据估计,全世界磷蕴藏量只能维持 100 年左右。从长远看,磷元素有可能会成为农业生产的限制因素,磷的库存量和迁移量会直接影响碳、氮等元素的循环。

元素循环的相互作用:水的全球循环和碳、氮、硫、磷等元素的循环,并不是彼此独立的,实际上自然界中的元素循环是密切关联、相互作用和彼此影响的,这些影响可以表现在不同的层次上,元素间的耦合作用也不容忽视。

例如在光合作用和呼吸作用中,碳和氧循环是互相联结的;海洋生态系统的初级生产的速率受到浮游植物的氮磷比的影响,从而使碳循环与氮和磷循环联结起来;淡水生态系统中磷的有效性也受到底部沉积物中的硝酸盐和氧含量的影响。近年来研究发现,碳、氮和磷循环可在多个层次上发生耦合作用。如磷素在分子水平上,对细菌的生物固氮有促进作用;在海洋生态系统研究中,可以利用浮游植物生物量的碳、氮和磷之比来计算净初级生产量。

正是由于这些联结,人类对于碳、氮和磷循环的干预,将会使这些元素的全球循环变得更为复杂,且其后果常常是难以预测的。因此,必须加强这方面的研究,充分了解元素循环的相互作用。

生态平衡与生态失衡

宇宙中有两类系统,一类是封闭系统,即系统和周围环境之间没有物质和能量的交换。一类是开放系统,即系统和周围环境之间存在物质和能量交换。自然生态系统几乎都属于开放系统。人工建立的完全封闭的宇宙舱属于封闭系统。

如前所述,生态系统是一个时刻不断地进行能量交换和物质循环的动态系统,在一定时间和相对稳定的条件下,一个正常的生态系统具有内部自动调节和趋向稳定的功能,这种稳定状态就叫生态平衡,也就是在动态中维持平衡。达到稳定或平衡的生态系统,其生产、消费和分解之间,亦即系统的能量流动和物质循环,较长时间地保持相对平衡的状态,其生物量和生产效率维持在相当高的水平。在自然生态系统中,平衡还表现在动植物的种类和数量最多,生物量最大,生产力也最高。

生态系统的平衡状态是靠自我调节过程来实现的。当生态系统达到动态平衡的最稳定状态时,它能够自我调节和维持自己的正常功能,并能在很大程度上克服和消除外来的干扰,保持自身的稳定性,包括结构、功能和能量输入输出方面的稳定。生态系统内部的自我调节能力和稳定性主要依靠其结构成分的多样性和能量流动及物质循环途径的复杂性。一般来说,在结构成分多样、能流成分复杂的系统中,稳定较易于保持,因为如果其中某一部分机能发生障碍,可以由其他部分进行调节和补偿,某一物种的数量消长不致危及整个系统。一个复杂的生态系统不可能使单一种群大发生,天敌可以阻止任何种群数量爆炸以免扰乱平衡。相反的,成分单纯、结构简单的生态系统,内部调节能力低,对剧烈的生态改变比较脆弱。例如冻原生态系统中,如果食物链基础环节地衣、苔藓的生长受到损害,整个系统即可能崩溃,不像温带或热带的系统中有其他代替食物可供利用。在自然条件下,生态系统总是朝着种类多样化、结构复杂化和功能完善化的方向发展,直到达到成熟的最稳定状态为止。

关于生态平衡问题,科学工作者做过许多实地调查和研究。如在前苏联一处生物地理群落研究站,人们将一棵栎树完全用网子网起来,与邻近未网的同一树种做对比。经过 4 年试验观察,被网的那棵树变得光秃秃的,而没网的树反而枝叶茂盛。这是为什么?因为吃叶子的昆虫可以从网眼飞进去,而昆虫的天敌——飞鸟却飞不进去。虫子在网内可以自在地吃树叶,越吃虫子繁殖越多,直到把叶子吃光为止;而未网的那棵树虽也有虫子吃树叶,但飞鸟也在不断地找虫子吃,这就是自然界的自动控制,保持了生态平衡状况。人们把树网起来,是破坏自然生态平衡的一种行为。

但是,即使是复杂完整的生态系统,其内在调节能力也是有限度的,当外来干扰因素如火山爆发、地震、泥石流、森林火灾、人类修建大型工程、排放有毒物质、人为引入或消灭某些生物等超过一定限度时,生态系统自我调节功能受到损害,食物链可能断裂,有机体数量就会减少,生物量下降,生产力衰退,从而引起系统的结构和功能失调,物质循环和能量交换受到阻碍,导致生态失衡,甚至发生生态危机。生态危机是指由于人类盲目活动而导致局部地区,甚至整个生物圈结构和功能的失衡,人类的生活也会随之受到明显的影响,甚至带来严重的灾难,从而威胁到人类的生存。

生态系统平衡受到破坏的原因大致有三方面:① 生物种类成分的改变。引进新物种或某种成分的突然消失都可能影响整个系统,具体事例参看本书第一部分。② 环境因素的改变。以地质年代(比方百万年为单位)看地球,会发觉地球的环境发生了巨大的变化,生物界也相应地改变;每当环境有所改变,便有一些生物不能适应而绝种,也会有新的生物类群诞生。这里所要说的环境因素改变对生态平衡的破坏,是指的环境遭到人为急剧改变而带来的生态灾害。例如,不合理地开发利用自然资源、乱砍滥伐森林、乱捕滥采野生生物、灭绝性地捕捞水生生物、过度强化使用土地和草原、片面地围湖造田、毁林开荒以及陡坡开垦、水土流失、生境破坏、环境污染等,这类灾害发生得很快,后果是很严重的。③ 信息传递的破坏。环境中有害的化学物质不但直接危害有机体的生活环境,而且还能破坏整个系统的信息传递,使化学信息系统失调。

众所周知,自然环境能够影响水源、温度、风力、雨水、湿度与其他因素。在每个地区,似乎都有一定比例的天然动植物群落对环境整体起稳定及平衡的作用,究竟动植物的数量比例应该多少为佳,尚待研究。但是我们知道,如果企图使所有的生态系统都用来生产粮食,那么处境一定不会稳定,结果会适得其反。不论是天然的森林、草原、荒漠、沼泽或人工林、种植园、养殖场、水库等,都要注意保持其本身的生态平衡,破坏这种平衡,必然要受到自然一系列的惩罚。

地球经历了 40 多亿年的演化,形成了今天的自然界。自然环境包括土地、森林、草原、水域、水生生物、野生动植物等,它们是我们发展生产的物质基础,对环境或说是对自然资源的开发利用和增殖保护,关系到生产发展的速度和长远的经济利益。动植物作为有生命的资源,它们的作用不仅表现在产品和产值的利用价值上,而且还经常以本身的数量来充实和影响着环境,使生态系统得到维持、更新和发展,这方面的意义比前者可能更为重要。事实无情地告诫人类,对自然界切莫粗心大意、为所欲为。

我们必须把自己的生存环境看作一个巨大的生态系统,必须遵从客观的生态规律来维持和协调这一系统的平衡,这是关系到子孙后代的长远利益。

十、农业生态系统

农业生态系统的概念

农业生态系统是指在人类的积极参与下,利用农业生物种群和非生物环境之间以及农业生物种群之间的相互关系,通过合理的生态结构和高效的生态机能,进行能量转化和物质循环,并按人类的意愿进行物质生产的综合体。这里的农业不仅指狭义的种植业,而且包括农、林、牧、副、渔、虫菌业及微生物培养利用的整个大农业。

农业生态系统是人类通过社会资源对自然资源进行利用和加工而形成的,是介于自然生态系统和人工生态系统之间的半自然人工生态系统,经济因素和社会因素在整个系统中占有重要地位。因此,更确切地说,农业生态系统是一个社会—经济—自然复合生态系统。

农业生态系统的组成与结构

农业生态系统与自然生态系统一样,其基本组成也包括生物成分和非生物环境成分两部分,但由于受到人类的参与和调控,其生物成分是以人类驯化的农业生物为主,环境也包括了人工改造的环境部分(图 10-1)。

(1)生物组分:与自然生态系统类似,农业生态系统的生物组分包括以绿色植物为主的生产者、以动物为主的消费者和以微生物为主的分解者。然而,农业生态系统中占据主要地位的生物是人工驯养的农业生物,包括农作物、家畜、家禽、家鱼、家蚕等,以及与这些农用生物关系密切的生物类群,如杂草、作物害虫、寄生虫、根瘤菌等。农业系统中其他生物种类和数量一

般较少,生物多样性往往低于同地区的自然生态系统。此外,在农业生态系统的生物组分中极为重要的是增加了最重要的农事活动者和操作者主体——人类。

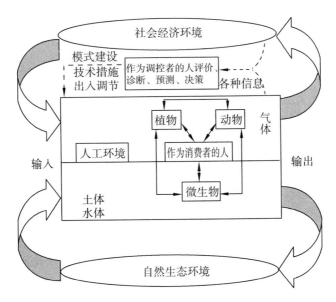

图 10-1　农业生态系统示意图

主要农业生物及其常见种类按农、林、牧、渔、虫菌类归纳如表 10-1。

表 10-1　　　　　中国主要农业生物类别及其常见种类

类	别	常见种类
农业生物	粮食作物	水稻、小麦、玉米、高粱、甘薯、谷子
	经济作物	花生、大豆、油菜、甘蔗、棉花、黄麻、烟草、茶、桑、药材
	饲料作物	苜蓿、草木樨、白三叶、红三叶、野大麦、青贮玉米、黑麦草、紫穗槐
	园艺作物	蔬菜、果木、花卉
林业生物	经济林木	油茶、橡胶、油桐、漆树、板栗、核桃
	用材林木	松、杉、竹、桉、杨、槐、榆
牧业生物	家畜	猪、牛、羊、马、驴、骡、兔、貂、鹿、狗、猫、家牦牛
	家禽	鸡、鸭、鹅、火鸡、家鸽、鹌鹑

类	别	常见种类
渔业生物	淡水养殖类	青鱼、草鱼、鲢鱼、鳙鱼、鲤、鲫、鳊、鲂、鳜、罗非鱼、河蟹、中华鳖、鳟
	海水养殖类	海带、紫菜、海参、贻贝、梭鱼、海鲈、对虾、白虾、海蟹、大黄鱼、鲷、石斑鱼、鲆
	滩涂养殖类	蚶、蛤、蛏、扇贝、牡蛎、鲍鱼
虫菌业生物	小动物	蚯蚓、钳蝎、福寿螺、鳌虾
	昆虫类	蜜蜂、桑蚕、柞蚕、蓖麻蚕、白蜡虫、紫胶虫、寄生蜂
	微生物	食用菌、曲酶、甲烷菌、杀螟杆菌

（2）环境组分：包括自然环境组分和人工环境组分。自然环境组分虽然与自然生态系统的组分性质相似，但已受到不同程度的人为影响。例如，作物群体内的温度、鱼塘水体的透光率、耕作土壤的理化性质等，都会受到人类各种活动的影响，甚至大气成分也受到工农业生产的影响而有所改变。人工环境组分包括生产、加工、贮藏设备和生活设施。如温室、禽舍、渠道、防护林带、加工厂、仓库和住房等。人工环境组分是自然生态系统中所没有的，通常以间接的方式对生物产生影响。人工环境组分在研究时通常部分或全部被划在农业生态系统的边界之外，归于社会系统范畴。

农业生态系统的特点

农业生态系统脱胎于自然生态系统，因此，其组分、结构和功能与自然生态系统存在很多相似之处。但人类对农业生态系统长期的利用、改造和调控，使得它们又明显有别于自然生态系统，具有如下特点：

（1）受人控制的系统：农业生态系统是在人类的生产活动下形成的。人类参与农业生态系统的根本目的在于，将众多的农业资源高效地转化为人类需要的各种农副产品。例如，通过育种、栽培、饲养等，调节和控制农业生物的数量与质量；通过农业基本设施的建设和农田耕作、施肥、灌溉、防治病虫草害等技术措施，调节或控制各种环境因子，为农业增产服务。应当注意的是，农业生态系统并不是完全由人类控制的。这是因为在某种情况下，自然生态条件也有一定的调节作用。农业生态系统以产出大于投入为目的，自然生态系统则以实现最大生物量的收支平衡为其归宿。

（2）净生产力高的系统：农业生态系统的总生产力低于相应地带的自然生态系统，但其净生产力却高于自然生态系统。例如，有的热带雨林的净生产力只有10吨/（公顷·年），而热带稻田生产力（一年两季干物质）为30吨/（公顷·年）。由于农业生态系统中的生物组分多数是按照人的意愿（高产、优质、高效等）配置而来，加上科学管理的作用，使其中优势种的可食部分或可用部分不断发展，物质循环与能量转化得到进一步加强和扩展，因而具有较高的光能利用率和净生产量。

（3）组成要素简化，稳定性能较差：农业生态系统中的生物多经人工选择，与天然生态系统相比，其生物种类明显少得多，食物链结构简化，对栽培条件和饲养技术的要求高，抗逆能力减弱。同时，由于人为防除了其他物种，致使农业生物的层次减少，造成系统自我稳定性下降。因此，农业生态系统需要人为不断地调节与控制，才能维持其结构与功能的相对稳定。

（4）开放性系统：自然生态系统通常是自给自足的系统，生产者所生产的有机物质，几乎全部保留在系统内，许多营养元素基本上可以在系统内部循环和平衡。而农业生态系统的生产除了满足系统内部的需求外，还要满足系统外部和市场所需，这样就会有大量的农、林、牧、渔等产品离开系统，因而参与系统内部再循环的残留物质数量较少。为了维持系统的再生产过程，除太阳能以外，还要大量向系统输入化肥、农药、机械、电力、灌溉水等物质和能量。农业生态系统的这种"大进大出"现象，表明它的开放性远超过自然生态系统。

（5）受自然与社会双重规律制约的系统：自然生态系统服从于自然规律的制约，农业生态系统不仅受自然规律制约，而且还要受社会经济规律的支配。农业生态系统的生产既是自然再生产过程，也是社会再生产过程。例如，在确定农业优势生物种群组成时，一方面要根据生物的生态适应性，另一方面还要根据市场需求，评估该生物种的市场前景和发展规模。

（6）明显的区域性：与自然生态系统相似，农业生态系统也有明显的地域性；不同的是，农业生态系统除了受气候、土壤、地形地貌等自然生态因子影响形成区域性外，还要受社会经济、科学技术和市场状况等因素的影响，从而形成更为明显的区域性特征。在进行农业生态系统分类与区划过程中，要更多考虑区域间社会经济技术条件和农业生产水平的差异。例如，低投入农业生态系统与高投入农业生态系统、集约农业生态系统与粗放农业生态系统等都是根据人类的投入水平和经济技术水平进行划分的。

农业生态系统与自然生态系统二者在结构与功能上的差别归纳如表10-2。

表 10-2　　　　农业生态系统与自然生态系统结构与功能比较

结构功能特征	农业生态系统	自然生态系统
生物构成	农业生物	野生生物
物种（品种）多样性	少，简单	多，复杂
净生产力	高，较高	较低，低
营养层次	简单	复杂
矿物质循环	开放式	封闭式
熵	高	低
生长期	短	长，较长
人为调控	明显需要	不需要
生境	均匀	不均匀
生物物候期	同期发生	季节性发生
成熟期	同时成熟	不同时成熟

农业生态系统的能流

能量流动是生态系统基本功能之一，也是农业生态系统主要研究内容。了解农业生态系统的能流规律，对分析系统的机能及其组分之间的内在关系，以及系统物质生产力的形成都是必需的。

农业生态系统能量的来源，除了接受并转化太阳辐射能外，还有人工辅助能量的投入。投入能量的多少及其利用转化效率的高低对系统的生产力起决定性作用。在一定的农业区域，纬度、海拔、地形、天气状况等因素，都会影响太阳辐射能的投入量，这是人们难以控制的部分。人们可以调节、控制辅助能的投入量，但调控能力要受到当地社会、经济、技术条件的制约。因此，优化农业生态系统，关键在于获得和转化更多的太阳辐射能、合理利用辅助能。

（1）初级生产：主要包括农田、草地和林地等的生产。由于采用人工培育品种和管理措施，其生产力水平相对较高，一般陆地平均太阳光能利用率只有 0.25％，农田平均可达 0.6％左右，高产农田甚至达到 1.0％以上。据有关研究报道，小麦、玉米、水稻等作物的平均生长率能够达到 15～20 克/（米^2·天），光能利用率可达 1.2％～2.4％。

（2）次级生产：主要指畜牧业和渔业生产。畜禽饲养管理水平高低不同，饲料的转化效率差别就很大。家畜一般可将采食中 16％～29％的饲料能同化为体内化学能，33％用于呼吸消耗，31％～49％随粪便排出体外。比较而言，按饲料的数量计，鸡的转化效率最高；按饲料的能量计，猪的转化效率最高，牛的转化效率相对较低。在水产养殖中，饲料的转化效率较陆地家畜稍高。

（3）辅助能的投入及其转化效率：

① 大量人工辅助能投入是农业生态系统生产力较高和持续增产的重要保证。人工投入的辅助能按性质分有机能和无机能，前者包括人力、畜力、种子及有机肥等，后者包括化肥、农机具、农药、机械、燃油和农用电力等能量。按来源分为工业能、生物能、自然能等。工业能也称化石能或商品能，包括煤、石油、天然气以及化肥、农药、农业机械等；生物能包括人力、畜力、生物燃料、种子、有机肥等；自然能包括风能、水能、地热能和潮汐能等。

② 辅助能投入与能效率。一般情况下，随着辅助能投入的增加，农业产量相应增加，但辅助能的产投比不一定总是增加，有时甚至出现下降趋势。辅助能的转化效率不仅与能量投入水平密切相关，而且与能量投入结构也有关。投能结构是指能量投入中辅助能在总输入能量中所占比例，无机能和有机能所占比例，化肥、农机各项投能占无机能投入的比例等。我国投入农业的能量，上世纪 50 年代有机能占绝大比例，无机能比例不足 2％，到 80 年代无机能占到 10％以上，近年增长最快的是化肥和农机的投能量，分别占到工业辅助能投入的 80％和 4％以上，这是传统农业向现代农业过渡的明显标志。但在无机能投入较高阶段，继续大量投入无机能，其能量效率有降低趋势。

农业生态系统的物流

农业生态系统中的物流就是指的系统中的养分循环，这是非常复杂的问题。Frissel(1997)对农业生态系统养分循环的大量实例进行综合分析,并设计了由土壤→植物→动物,再回到土壤的养分循环的一般模式(图10-2)。他提出的养分循环模式包括三种主要养分库,即植物库(P)、家畜库(L)和土壤有效养分库(A)以及多达31条养分流动途径。植物库包括所有农作物(粮食作物、经济作物、饲料植物)的地上和地下部分所含养分;家畜库包括所有直接或间接消费植物产品的农业动物所含养分的总和;在土壤库中,由于在养分矿质化并转变成可供给状态以前,养分以有机残余物形式停留的时间较长,其循环利用率很低,因此他将土壤库又分为三个亚库,即土壤有效养分库(A)、土壤有机残余物库(B)和土壤矿物库(C),其中,土壤有效养分库中营养物质参与循环利用效率高,为主要养分库之一。

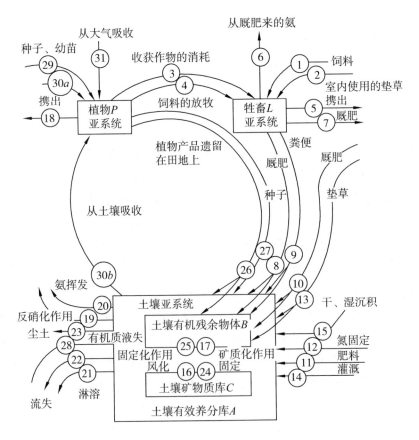

图 10-2 农业生态系统养分循环的动态模型

（1）养分循环基本途径：养分在几个库之间的转移是沿着一定路径进行的。通常情况下，养分是经由土壤库→植物库→牲畜库→土壤库这样的循环途径。实际上许多循环是多环的，某一组分中的元素在循环中可通过不同途径进入另一组分。除了库与库之间的养分转移外，还有养分对系统外的有意识和无意识的输出，以及系统外向系统内的输入等。

养分在系统内各库之间循环一次所经历时间长短不一。微生物对某种养分的吸收转化只需要若干分钟；一年生植物对养分的吸收转化至少得几个月；大型动物吸收转化养分需要的时间更长。

养分在各库中的平衡、减少或积累状态，可通过养分进出各库量的大小加以估算。当通过系统边界的输入与输出量相等时，该系统处于稳定状态；当某种养分的输出量大于（或小于）输入量时，说明这个系统中该种营养元素处于减少（或积累）状态。

（2）养分循环的特点：

① 需投入大量养分维持系统养分的平衡。农业生态系统大量农、畜产品的输出，使大量养分脱离系统；产品输出越多，带走的养分也越多。为维持系统养分循环的平衡，必须向系统返回肥料、种子等各种生产和生活物质。农业生态系统物质循环的开放程度远大于自然生态系统，生产力和商品率都较高。

② 养分输入主要来源于人工生产的无机肥。农业生态系统中养分的输入，主要包括化肥、部分有机肥、降水和灌溉水等。现代农业的主要养分来源是输入大量化学肥料，而且，单位面积上输入的化肥量逐年递增。

③ 有机质在养分循环中具有重要作用。有机质是各种养分的载体，在农业生态系统养分循环中具有重要作用：有机质经微生物分解后，释放出有效的养分供植物吸收利用，提高土壤肥力，促进系统中养分的循环；有机质为土壤微生物提供生活物质来源；有机质还具有吸附离子的能力，可促进土壤中阳离子的交换量，减少铁、铝对磷酸的固定，提高磷肥肥效；丰富的有机质有利于保蓄水分，提高土壤抗旱能力。

④ 部分养分无效输出。无效输出是指从农业生态系统中输出的物质，未产生任何效益。例如，养分的淋失、流失、蒸发、氨的挥发以及反硝化作用等。

（3）保持农业生态系统养分平衡的途径：能否保持农业生态系统中养分收支的平衡，是关系到农业生产力水平提高的重要因素。保持农业生态系统中各种养分的良性循环，可由以下几个途径展开工作：

① 安排种植归还率较高的作物。各种作物的自然归还率不同。除自然归还部分外，还有可归还但并不一定归还的部分，称为理论归还，如茎秆、谷壳等二者合计，油菜归还率约为 50％，大豆、麦类和水稻为 40％～50％。不同作物的氮、磷、钾养分的理论归还率也不同。

② 建立合理的轮作制度，加速养分循环。在轮作制中加入豆科植物或归还率高的植物，有利于养分循环平衡。轮作不仅能使土壤理化性质得到改善，而且由于农田生态条件的改变，病虫杂草危害减轻。

③ 农、林、牧结合，发展沼气。沼气生产既可解决农村能源问题，又可提供燃料，促使桔秆还田，还可使废弃物中的养分变为速效养分，作为优质肥料施用。

④ 科学加工农产品。改善农产品和废料的处理技术和加工方法，进一步提高物质归还率。例如棉花从土壤中吸收的大量营养元素保存在茎、叶、铃壳和棉籽中，将棉籽榨油，棉籽皮养菇，棉籽饼作饲料或肥料，茎枝叶粉碎后作饲料，变为粪肥后又可还田。

⑤ 合理施肥。合理施肥是调节养分输入量的重要环节。可根据土壤中养分含量及该系统种植作物的类型，对主要养分进行合理搭配、适量输入，以促进养分循环的平衡。

⑥ 充分利用非耕地富集养分。例如利用非耕地上的各种饲用植物、草类或木本植物的叶子，收集作为肥料；或放牧利用后以畜粪转移入农田；利用池塘、沟渠种植水生肥源植物，富集水中养分，作为牲畜饲料；城肥下乡，河泥上田等，均是区域性养分富集的方法。

世界主要农业生态系统

农业生态系统主要由农田生态系统、草地生态系统（不等同于草原生态系统）和林地生态系统（不等同于森林生态系统）三个子系统所组成。这三个子系统又分别由农作物、饲料作物（不同于天然牧草）和林作物（不同于天然林木）的个体、种群以及由它们通过生态关系与其他生物共同构成的农业生物群落所组成。相应于农业生态系统及其各个组成层次,形成不同研究对象的学科:农业生态学、农田生态学、草地生态学、林地生态学及作物生态学等。

(1)农田生态系统:

① 农田生态系统概况。农田是农作物生产的基地,农田凭借土地资源和光、热、水、气等自然资源,通过植物转化、积累太阳能和各种物质,是人类社会赖以生存和发展的物质基础。由于农作物的栽培不仅在陆地上,而且还扩展到各种水域,因此农田生态系统具有陆地和水域综合体系的特点。多数农田生态系统基本上是单种栽培的人工生态系统,是人类为获得各种农产品而建立的一种生物生产过程和经济生产过程紧密结合的生态系统。和其他自然生态系统相比,其结构较简单,农作物生长整齐一致,生活周期相近,对于水、肥、光、热和空间等各种环境条件要求相同,种内竞争趋向最大化。同时,由于人为集约经营,高水肥的栽培条件,包括使用化肥、农药及除草剂等,以致农田生态系统对于人为管护依赖性强,稳定性差,自我调节能力低,对恶劣的气候条件、环境污染及病虫害等都非常敏感。

在农田生态系统中,初级生产者主要为粮食、蔬菜、经济作物、林木果树等;主要消费者为家畜、家禽及人类本身,某些情况下包括农业有害动物;分解者主要是农田微生物和农田土壤动物。现阶段一般农业管理水平上,系统中尚存在一些并非人类有意识引进的物种,如菌类、杂草、灌木、昆虫、蛙、蛇、鸟、鼠类等,它们可能对农业生产有害,也可能有利。

农田生态系统的结构与人类建造该系统的目的密切相关。不同的农田生态系统,初级生产力差异很大,这一方面取决于当地的环境条件,同时也取决于当时的社会经济和科技发展水平。一般而言,温带地区利用石油作为补助能量的情况下,年生产力可达 $8.4 \sim 25.1$ 千焦/米²;缺少能量补助的干旱地区,往往低于 4.2 千焦/米²;而在终年高温多雨的热带,再加上一定的能量补助,初级生产力往往超过 41.8 千焦/米²;夏威夷的甘蔗种植业,甚至有每年 108.7 千焦/米² 的记录,超过了初级生产力最高的热带雨林。当然,种植的作物不同,初级生产力也会有差异。

② 农田生态系统的特征。农田生态系统的组成、结构、功能及其建立目标,决定了人们必须不断地从事播种、施肥、灌溉、除草和治理病虫灾害等农

事活动。因此,农田生态系统具有以下一系列特点:输入、输出量加大;辅助能的作用十分显著;食物链趋于缩短;系统中有多种人工安排的残余物利用链。农业是生物过程占优势的生产部门,农田生态系统是农业生产部门中最重要、最广泛的部分,为了提高系统内物质和能量的利用效率,在农田生态系统中通常出现有多种人工安排的残余物利用链,科学地利用生物残余物作为另一种生物或加工过程的原料,以期达到多层次利用、多次增值的效果。

③农田生物群落及其生态效应。农田土壤中的生物多种多样,其中细菌、真菌、放线菌和原生动物等,是土壤中最重要的分解者。有些农田土壤动物是重要的消费者和分解者。土壤中存在的动物种类有上千种,以节肢动物最占优势,重要的有螨类、蜈蚣、马陆、跳虫、白蚁、蚂蚁及其他多种昆虫和昆虫幼虫等。其中以螨类和跳虫的种类最多、分布最广。螨类在土壤中对有机物质起碎裂和分解的作用,并将有机物质传输到较深的土层中去,起到了维持孔隙、改善土壤性质的作用。土壤中的跳虫属于弹尾目昆虫,它们多取食正在分解中的植物所含的真菌菌丝。蚂蚁是土壤动物中比较活跃的类群,是重要的土壤搅拌者。土壤中线虫和蚯蚓也比较丰富,它们主要生活在土粒周围的水膜中或植物根部。土壤中寄生性线虫寄生于许多植物,包括小麦、番茄、豌豆、胡萝卜、苜蓿、果树等的根部。蚯蚓是土壤中最著名的动物类群,喜欢湿润和有机质丰富的环境,因此,常栖于肥沃的黏壤质和酸性不太强的土壤里。蚯蚓的数量和作用在不同的地块有差异。蚯蚓打洞、钻行、吞食土壤中有机物质等活动,可使土壤与有机物紧密混合。此外,孔道的形成、蚯蚓粪粒的产生,也使得土壤更疏松通透。据分析,经过蚯蚓作用的土壤的有效磷、钾、钙等都有明显增加。

农田生物群落对生态环境所起的积极生态效应不可忽视。农田生物群落,包括直接由人种植的多种粮食作物、经济作物和养地作物,以及人工养殖的畜禽类、鱼虾类和其他经济动物等;农田中还有部分杂草、多种自然界的菌类、原生动物、土壤微生物、昆虫、节肢动物、两栖类、爬行类、野生鸟、兽等。所有的生物组成复杂的农田生物系统,对农田无机和有机环境同样产生多方面影响。

(2)草地生态系统:

① 草地生态系统概况。草地是畜牧生产的基地，是以草本植物为基础营养级的重要的农业生态系统之一。草地生态系统是以草地和牧畜为主体构成的一类特殊的生物生产系统，初级生产者（草本植物）通过光合作用蓄积能量，通过消费者（家畜）将牧草的蓄积能转化为人类所需要的畜产品。

草地包括天然草地、人工草地以及附带利用草地等。世界天然草地总面积约占陆地总面积的 25%。天然草地的主要类型有草原草地、草甸草地、高寒草甸草地、疏林草地、灌木草丛草地、荒漠草地、盐生草甸草地等。不同种类的草地，生产能力不同，载畜量也不同。人工草地是人工栽培饲草的草场，不同地区种植不同种类饲草，同一种饲草在不同地区和不同类型土地上产草量变化很大，一般耕地和退耕地种草产量较高，三荒地种草产量低。

中国是世界上草地资源比较丰富的国家，其天然草地是欧亚大陆温带草原的一部分，以东北、内蒙古的温带草原为主，另外还有新疆荒漠地区的山地草甸和青海、西藏的高寒草地，此外南方的草山草坡处于水热条件较好的林区，多为森林破坏后次生草地及海拔较高的中、高山草地。中国的草地生长有众多优良饲用草类，据调查，经济价值较高的禾本科牧草达 900 种，豆科牧草 600 余种，世界上著名的栽培牧草如紫苜蓿、白三叶、红三叶、百脉根、鸭茅、梯牧草（*Phleum platense*）等，在我国均产有野生种或近缘种，它们是培育优良牧草品种的宝贵资源。

草地的主要生物，包括各种天然牧草和人工牧草以及多种放牧的草食牲畜。此外，还有多种其他动物、植物和土壤微生物，其中与畜牧业关系最密切的是多种啮齿类动物；草原蝗虫及分解牲畜粪便的食粪甲虫等。

当前草地退化是中国天然草地面临的突出问题，21 世纪中国的草地生态学将围绕解决草地退化这一核心问题展开研究，其热点领域应在草地恢复、草地界面生态、草地放牧生态及草地的健康诊断和草地价值的评估等方面，其中草地恢复是治理退化草地的基础。

② 草地生态系统的特征。在光能利用率方面，号称牧草之王的苜蓿可达 0.8%，一般温带草原的光能利用率大体在 0.5% 的水平。在食物链方面，通常由植物（牧草）→动物（家畜）→人，构成"食物"流程，不同类型草地系统食物联系不尽相同，营养级中除草食动物（家畜）以外，可能有野生草食兽类如鼠兔、旱獭、狍子等，还可能有更高营养级肉食兽类如狼、狐、鼬等。在生

物多样性方面,基础营养级(绿色植物)种类组成较农田复杂,多种植物长期共存,一方面可充分利用环境资源,另一方面促进群落的稳定性。草地植被的高度虽不及林地植被,但相当浓密,在整个生长期内,会出现不同种类为优势的开花期,表现出不同的季相。丰富的草类支持供养多样的食草动物(昆虫、啮齿类、有蹄类等),相应地吸引来众多捕食兽类(狼、狐、鼬、獾等)。草地生态系统看上去不似林地系统那样有明显的成层现象,但无论在空间或时间上,成层的格局在草地系统中到处存在。依照草类的高度,草地群落结构一般分为三层:高草层、中草层和矮草层。草地植物的地下部分强烈发育,其密闭度和层次结构远超过地上部分。草地生态系统不仅养育了大量的地上食草动物,同时还供养了许多地下生活的土壤动物。

③ 牧草和食草动物的协同进化。在长期进化过程中,牧草和食草动物之间出现了彼此相互适应的协同进化。草地牧草不会被食草动物吃尽,食草动物能够持续利用牧草延续世代。因为食草动物在进化过程中发展了自我调节机制,防止作为食物的植物被吃尽;而草地植物在进化过程中发展了防卫机制(机械防卫或化学防卫)。这样在植物和食草动物之间出现了进化选择竞争。

食草动物之间竞争食物的现象普遍可见,但在利用草类资源过程中还出现协作。著名的例子如非洲东部塞伦盖提大草原的牧食系统。那里是世界上有蹄类群体和数量最大做多的地方,生活着约上百万头角马、羚羊和斑马等,它们是这片草地上最具优势的三种食草兽,它们对食物的选择,首先不是草的种类,而是草本植物的不同部位:斑马主要吃茎和叶鞘,角马则更多吃叶子,汤姆逊羚羊则吃前两者吃剩的牧草叶和大量杂草类。这种在食性上生态位分离的现象有着极其重要的生态学意义,使牧食活动由竞争变为协作,甚至还刺激促进草被的生长。那种认为食草动物的吃草活动必然使草场生产力降低的看法是片面的。

④ 放牧条件下草地的生态演替。草地遭受人为干扰的各种方式中,最普遍的是畜牧业生产的影响。自然条件下植被类型与土壤类型及其性质密切相关。适度放牧活动能调节植物的种间关系,使草场植被保持一定的稳定性。过度放牧区内优质牧草种类由于家畜的选择性采食而逐渐减少,一些适应于干旱条件而适口性差甚至不可食的植物种类增加,当放牧压力超

过一定限度(即环境承受能力)时,系统内部不能维持平衡,就会发生退化演替。过度放牧会使土壤的结构遭到破坏,无结构土壤毛细管水上升快,盐渍化程度加剧;同时,由于禾本科植物被过度消耗,无法复苏,耐盐碱的蒿属、猪毛菜属得到发展,鼠害、蝗灾随之发生,使原来水草丰盛的草场变为干旱的荒漠草地甚至退化为人为荒漠。种种例证说明,人为不合理过度放牧利用是造成草地普遍而迅速退化的主要原因。

(3) 林地生态系统:

① 林地生态系统概况。包括天然林地、人工林地等以乔木树种作为群落建群种的生态系统。林地生态系统是陆地生态系统中生物量最大、结构最复杂、功能最完善的生态系统。构成林地的林木彼此相互作用,关系密切,其主体木本植物对林内动物、植物和微生物的活动及林下土壤的发育和林中小气候的形成起重要调控作用。林木植被及其覆盖下的其他生物和各种环境因子共同构成林地生态系统。林地是木材、林果产品及其他林副产品等工农业原料的生产基地,是动物的栖息场所和隐蔽地。林地生态系统还具有涵养水源、保持水土、调节气候、防风固沙、保护农田、净化污染、美化环境、卫生保健、有利国防等功能,对保护生态环境、保护生物多样性,对人类的生存和发展都起着无法估量的作用。

林地包括天然林地和人工林地,天然林是在过去和现在的环境因素影响下,出现在一个地区的各种树木长期历史发展的结果,反映了该地区自然因素特别是水、热条件的综合作用;人工林是人们在生产实践中营造的森林,它虽然可以由人选择树种和布局,但也要受到当地环境因素的制约。

林地的类型很多,但作为一种植物群落,它们都有一定的种类组成、群落结构以及和环境的相互作用。不论哪一种林型,都是一种或多种乔木以及许多灌木、草本植物的共同结合,是具有乔木层、灌木层、草本层和地被层垂直结构的系统。在乔木、灌木、草本和苔藓、地衣等各个种群不同个体之间、不同种群以及植物和环境之间,都是彼此相互联系和相互制约的,所以林地是结构复杂的植物群落。在森林植物群落中,必然有许多和它共同生存的动物如昆虫、其他无脊椎动物、两栖类、爬行类、鸟类、兽类等,这些动物以森林作为栖息场所,又直接或间接的以各种林产品和林业作物为食物。林中还生活着各种微生物,如寄生在植物体上的细菌、真菌等,以及生活在土壤中的生物种类。这样,森林中植物、动物、微生物就形成了一个有联系的生物群落,而生物群落又和周围环境构成一个不可分割的复杂综合体,这就是林地生态系统。人工培育的果园林、特种经济林,施肥、锄草、喷药、修枝等管理措施更为频繁,此类林地受人为影响更加明显。

在不少森林学的论述中,对森林概念的理解较为局限。除了指出以乔木树种为主体外,还认为树木要集结到一定的密度和占据着相当范围的空间面积,才算森林。这样就可能将行道树、疏林或其他小片的林木排除在森林之外。作为形成独特的森林环境才能当作森林的论点,本来是有其道理的,但在目前森林遭受严重破坏、林地锐减的情况下,提倡植树造林、绿化环境,因此对森林的理解,只要以乔木树种作为主要建群种,而它们彼此之间以及它们与环境之间相互发生影响的植物群落,即可作为林地来对待,这更符合当前实际。

② 林地生态系统的特征。

生物量最大的生态系统。在人类诞生初期,全球森林面积占陆地面积的 2/3,达 76 亿公顷。2010 年 3 月联合国粮农组织发布的当年全球森林资源评估报告显示,世界森林面积为 40 亿公顷,约占地球土地面积(不含内陆水域面积)的 31%,因此说,森林是地球上生物量最大的陆地生态系统。全球人工林面积 2.64 亿公顷,占世界森林面积近 7%。《报告》指出,从森林功能类型看,全球商品林面积接近 12 亿公顷、生物多样性保护林面积超过 4.6 亿公顷、防护林面积 3.3 亿公顷,分别占世界森林面积的 30%、12% 和 8%。

不同生态类型森林的生产量是不同的,北方针叶林的净初级生产量(PP_N)4~8 吨/公顷·年,亚热带森林 PP_N 15~25 吨/公顷·年,热带雨林生产量最大,为 20~30 吨/公顷·年。林地生态系统平均每年每平方公里的生物总量可达 100~400 吨(干重),为农田或草地的 20~100 倍。林地还是能量转化效率很高的生态系统。绿色植物固定太阳能的效率决定于其叶面积系数,高产农田的叶面积系数在 1~5,而有高大乔木层的森林叶面积系数远高于草地或农田。

空间结构复杂的生态系统。森林具有复杂的空间结构和网络系统,其垂直分层和空间异质性非常明显,一个相对简单的寒温带针叶林系统至少也包括三个层次,即乔木层、灌木层和草本层;暖温带的落叶阔叶林分为四、五层;而热带雨林的层次就更多。植被类型决定与之相适应的动物类型,植被的垂直分层导致动物的分层分布。因之林地生态系统是生物量最大、光能利用最充分、多层次、多结构、草灌乔三结合的顶极生物群落,其网络复杂,生物种类繁多,自我更新、恢复能力强,抗逆性强。

生物多样性丰富的生态系统。森林是绿色植物中最大的群体。从物种的多样性上看,在一定的区域范围内,农田生态系统中的绿色植物,最多不超过十几种或二十多种;草地生态系统也不过几十种;而森林生态系统中绿色植物则有几百种或上千种,在热带森林内就聚集有 80 万~150 万个物种,还有一些珍贵稀有物种尚未被认知。以热带雨林为例,在 1 000 平方米面积内有多达 1 100 多种植物和 1 200 多种昆虫。当然,物种多样性在不同纬度地带的林地是有明显差别的。森林除了是丰富的物种宝库,还是最大的能量和物质的贮存库。

稳定性高的生态系统。林木为多年生植物,寿命远较其他植物为长。森林树种的长寿性使林地生态系统较为稳定,并对环境条件发生较长期的稳定性影响,也决定了森林经营工作的长期性和复杂性。

③ 过度开发森林产生的生态问题。森林生态系统的功能全面、作用巨大,可是在相当一段时间内却未受到应有的重视和必要的保护。在人类历史发展的初期,地球陆地生长着繁茂的森林,由于环境变迁、人口剧增、自然灾害和人为的破坏,现已减少了近 1/3。随着森林的破坏,不仅引起资源锐减、木材短缺,而且还带来了水土流失、沙漠化、旱涝灾害、生物多样性降低等严重问题,大量的动物、植物、微生物资源随之消失。

目前世界上 1/3 以上国家不同程度地受着沙漠化的威胁。从已查明沙漠化的原因中,大部分在于人类不合理开发利用水、土地、植物和动物而引起的,只有小部分属于自然过程。由于人口急剧增长,引起粮食供应紧张和能源的匮乏,于是向林地要粮,向草原要粮,毁林开荒,毁草种田,引起了自然和自然资源的严重破坏。在干旱、半干旱地区森林减少是加速沙漠化的一个重要因素。随着森林面积的大幅度下降,导致气候向干旱趋势发展,从而导致水灾、旱灾、沙尘暴、龙卷风等灾害频发。森林的减少,加上化石能源消费量的增大,大气中二氧化碳浓度增加引起的"温室效应",有可能引起气温上升和降雨分配的变化等气候的改变。有研究指出,森林减少如果继续下去,将可能成为全球气候变得不稳定的一个重要原因。

不少生态学家指出:人类给地球造成的任何一种深重灾难,莫过于如今对森林的滥伐破坏。林地系统一经破坏,很难得到恢复,有些国家和地区经过长达几十年甚至一个多世纪的努力也未能把森林恢复起来,中国黄土高原就是例子。当前许多国家把发挥森林的多种生态功能放在首位,把保持一定的森林覆盖率看作是人类生存与发展的必要条件,这是对林地生态系统认识的深入和提高。

④ 保护林地生态系统。林业之源在于森林,森林之源在于林地,建造足够的林地,保证林地上有高质量的森林,是生态林业建设的根本所在。为使生态环境向良性循环发展,保护好现有的森林植被,恢复和扩大林地面积,显得更加迫切和重要。为此,建立自然保护区、实施天然林保护工程、增殖森林资源、调整森林布局以及全面规划、集约经营等,都是保护林地生态系统有益的尝试。

森林是一类可更新的资源,一方面要保护好有限的森林资源,另一方面要在无林和少林区提倡大规模植树造林。人类只要在允许的范围内对林地生态系统施加影响,如合理采伐更新、科学增殖资源,则系统的稳定性与物种多样性是可以得到保持的。

一个地区彼此关系密切的若干树种或林分按比例配置所形成的森林总体,即为生态林业体系。一个完整的生态林业体系应按照大农业生产条件、社会经济状况和各地自然地理条件统筹安排,起到以林促农,农、林、牧业相结合,多林种科学搭配、合理布局,充分发挥森林的多功能效益。

森林具有经济效益的内在性与生态效益的外部性。造林树种的选择常因营林目的不同而有区别,用材林、防护林、薪炭林、经济林、观赏林、特种用途林等,必须在全局规划安排上达到统一。保护森林,充分发挥森林生态效益,就要提高用材林的生产力,改变林业经营上落后的"广种薄收"的旧习,实行集约经营,实现速生丰产,用较少的用材林面积生产大量的木材,满足国民生计之需。这样也可避免森林大面积遭到破坏,使各种林型相辅相成,达到全面发展。

十一、城市生态系统

城市生态系统的基本特点

城市生态系统是指特定地域内人口、资源、环境(包括生物的和理化的、社会的和经济的、政治的和文化的环境)通过各种相生相克的关系建立起来的人类聚居地或社会、经济、自然复合体。它具有如下特点。

(1)以人类为主体的生态系统:同自然生态系统和农业生态系统相比,城市生态系统的生命系统主体是人,而不是各种植物、动物和微生物。所以,城市生态系统最突出的特点是人口的发展代替或限制了其他生物的发展。在自然生态系统和农村生态系统中,能量在各营养级中的流动都是遵循"生态金字塔"规律的,而在城市生态系统中却表现出相反的规律。

(2)以人工生态系统为主的生态系统:城市生态系统本身是人工创造的,其环境的主要部分是人工环境。城市居民为了生产、生活等的需要,在自然环境的基础上,建造了大量的建筑物和交通、通讯、供排水、医疗、文教及体育等城市设施。这样,以人为主的城市生态系统的生态环境,除了具有气候(阳光、空气、水)、地质、地貌、土地等自然环境因素外,还大量地加进了人工环境的成分,同时,上述各种城市自然环境条件都不同程度地受到了人工环境因素和人为活动的影响,使城市生态系统的环境变化显得更加复杂和多样化。不过,正是由于城市生态系统是一种人工生态系统,人们才可能通过强化生态建设,取得与城市化进程相适应的生态环境。

(3)流量大、运转快的开放系统:在人口流动、物流、能流、信息流等各方面,城市生态系统都是流量大、运转快的开放系统。例如,上世纪 90 年代初以来我国进城务工人员成亿人增多,增长势头至今不衰。又如,在能量使用方面,城市生态系统大部分能量是在非生物之间进行变换和流转,反映在各种机械设备的运行过程之中。在能量传递方式方面,自然生态系统主要通过食物网传递,而城市生态系统可通过农业、工业和运输部门等进行传递。在能量流的运行机制上,自然生态系统能量流动是自为的、天然的,而城市生态系统的能量流以人工为主、运转特别快。

(4)依赖性很强、独立性很弱的生态系统:经过长期演替、达到顶极状态的自然生态系统,系统内的生物与生物、生物与环境之间处于相对平衡状态。而城市生态系统要维持稳定和有序,需要有大量物质和能量从外部输入。同时,城市生态系统所产生的各种废物,也无法靠城市生态系统内部的分解者完全分解,而要靠人类通过各种环境保护措施来加以降解。所以,城市生态系统不是一个"自给自足"的系统,而是一个依赖性很强、独立性很弱、自我调节和自我维持能力都很差的生态系统。如果从开放性和高度输入的性质来看,城市生态系统又是发展程度最高、反自然程度最强的人类生态系统。

(5)城市是文明或文明异化的产物:城市是人类文明的标志,是时代政治、经济、军事、社会、科学、文化和生态环境发展和变化的结晶体。城市的优势在于工业、人口、市场、文化和科学技术的集中,这有利于生产的专业化、协作化和高新精尖技术密集工业的发展,有利于人流、物流、信息流的畅通。

城市的缺点也恰恰在于人口和工业的过量集中和密度过大。在城市化地区,进行着大量的资源利用、物质交换、能量流动、产品消费等活动,使自然资源大量消耗、各种生产生活废料大量产出,从而引起一系列城市问题。如人口密集、住房困难、土地资源紧张、工业资源短缺、水资源短缺、交通拥挤、环境污染、疾病流行、犯罪增加、就业困难等,这些无疑是文明异化的结果。

城市生态系统的结构与功能

(1)城市生态系统的结构:城市生态系统是由城市居民和城市环境系统所组成、具有一定结构和功能的有机整体。其中,城市居民包括性别、年龄、智力、职业、民族、种族和家庭等结构。城市环境系统由自然环境和社会环境构成,自然环境系统包括非生物的环境系统(大气、水体、土壤、岩石等)、资源系统(矿产资源和阳光、风、水等)和生物系统的野生动植物、微生物和人工培育的生物群体;社会环境系统包括政治、法律、经济、文化教育、科学等。以图 11-1 表示如下:

图 11-1　城市生态系统的一种结构模式

著名生态学家马世骏等提出城市复合生态系统理论,指出城市是在原来自然生态系统基础上,增加了社会和经济两个系统所构成的复合生态系统,城市的自然及物理组分是城市赖以生存的基础,各部门的经济活动和代谢过程是城市生存发展的活力和命脉,人的社会行为及文化观念是城市演替、进化的动力泵。也就是说,城市生态系统包括自然、经济与社会三个子系统,三者是相互融合与综合的(图 11-2)。从以上两图对比可见,两种划分方法主要不同在于:前者把城市生态系统划分为城市居民和城市环境系统两部分;后者则将其划分为三部分,即自然生态系统、经济生态系统和社会生态系统。城市居民具有社会和自然双重属性。

图 11-2　城市生态系统及其三个子系统

135

（2）城市生态系统的功能：系统的功能是指系统及其内部各子系统或各组分所具有的作用。城市作为一个开放型人工生态系统，具有外部和内部两方面功能，即外部功能是联系其他生态系统，根据系统的内部需求，不断地把物质和能量从外系统输入或向外系统输出，以保证系统内部能量和物质的正常运转与平衡；内部功能是维持系统内部物质和能量的循环与畅通，并将各种流的信息不断反馈，以调节外部功能，同时把系统内部剩余的或不需要的物质与能量输出到其他系统中去。外部功能要依靠内部功能的协调运转来维持。因此，城市生态系统的功能主要表现为系统内外的物质流、能量流、信息流、货币流及人口流的输入、转换和输出。研究城市生态系统的功能实质上就是研究这些"流"，以期人工控制，使之协调与畅通。因此，城市生态系统的发展主要受控于人类的决策。决策影响系统的有序和无序发展，系统发展的结果则能检验决策是否正确。研究城市生态系统的功能，揭示影响系统稳定性的主要因素，是调控城市生态系统的关键。

城市生态系统的生产功能：生产功能是指该系统利用城市内外系统提供的物质和能量等资源生产产品的能力，包括生物生产与非生物生产两类。其中，生物生产是指城市生态系统所具有的、包括人类在内的各类生物，通过新陈代谢作用与周围环境进行物质交换，并使生物自身生长、发育和繁殖的过程；非生物生产则属人类系统特有的生产功能，是指其具有的创造物质与精神财富的性能，可以进一步分为物质的与非物质的非生物生产两类。

① 生物初级生产。指植物的光合作用过程。城市生态系统中的植被包括农田、森林、草地、果园、苗圃、温室等人工或自然植被。在人工调控下，它们生产粮食、蔬菜、水果、花卉和其他各类植物产品。然而，城市通常以第二产业和第三产业为主，城市植物生产的空间比例并不大，但应指出的是，城市植被的景观作用和环保功能对城市来说是十分重要的。因此，尽量保留城市的林地和草地等是非常必要的。

② 生物次级生产。在城市生态系统中，次级生产者主要是人，生物初级生产与能量贮备一般不能满足次级生产所需。因此，物质绝大部分要从城市外部输入，故其生物次级生产过程除受非人为因素影响外，主要受人的行为影响，具有明显的人为可调性。此外，它还表现出社会性，即在一定的社会规范和法律的制约下进行。为了维持一定的生存质量，城市生态系统的

生物次级生产在规模、速度、强度和分布上应与生物初级生产和物质、能量的输入、分配等过程取得协调一致。

③ 物质生产。指满足人们物质生活所需各类有形产品的生产及服务。包括各类工业产品；设施产品，如各类为城市正常运行所需的城市基础设施；服务性产品，指金融、医疗、教育、贸易、娱乐等各项服务得以进行所需的设施。

④ 非物质生产。指满足人们的精神生活所需要的各种文化艺术产品及相关的服务。如城市中具有众多的精神产品生产者，也有难以计数的精神文化产品的出现。城市生态系统的非生物生产实际上是城市文化功能的体现。从城市发展的历史看，城市起到了保存、保护与推动人类文明与文化进步的作用。城市既是文化知识的"生产基地"，也是文化知识发挥作用的"市场"，同时城市又是文化知识产品的消费空间。城市非生物生产的加强，有利于提高城市的品味和层次，有利于提高城市居民及整个人类的精神素养。

城市生态系统的能源结构与能量流动

（1）能源结构：能源结构是指能源总生产量和总消费量的构成及比例。从总生产量分析能源结构，称为能源的生产结构，即各种能源如煤炭、石油、天然气、水能、核能等所占比重；从消费量分析能源结构，称为能源的消费结构，即能源的使用途径。一个国家或一个城市的能源结构是反映其生产技术发展水平的重要标志。中国能源的生产结构：煤炭由 2000 年的 72%，2006 年上升至 76.7%；相反，石油在能源总产量的比重逐年递减，石油和天然气 2006 年约占 15.4%，其他能源所占比重更低。煤炭在终端能源消费中所占比例过大是中国能源效率低下的一个重要原因。中国能源结构不合理也带来了环境恶化与能源供给的安全问题，前者主要由 CO_2、SO_2 过度排放所引起，后者主要由油气对外依存度不断提高所致。能源结构是与能源消费总量密切相关的。近年统计显示，我国能源消费约占世界总量的 20%，GDP 却不到世界总量的 10%。当前，中国能源消费总量与美国相当，GDP 仅为美国的 37%；中国 GDP 与日本相当，能源消费总量却是日本的 4.7 倍。因此，只有优化能源结构，才能提高能源利用效率。

城市是一个国家消费能源的主要区域。城市的能源结构与全国的能源生产结构、消费结构、城市经济结构特征和环境特征等有着密切关系。如今，天然气和电力消费及一次能源用于发电的比例是反映城市能源供应现代化水平的指标。这是因为天然气热值高、污染少且成本低，已成为城市燃气现代化的主导方向。美国早在上世纪50年代初天然气就占燃气气源总量的90%，中国主要城市20世纪90年代这一比例仅为6%。

（2）能量流动：通常能源分为原生能源（又称一次能源）、次生能源、有用能源和最终能源等。原生能源主要指太阳能、核能、矿物燃料、风能、海洋能等。次生能源又称二次能源，包括电、柴油等。原生能源中有少数可以直接利用，如煤、天然气等，但大多数都需要加工经转化（成为次生能源）后才能利用。城市生态系统中的能量流动就是原生能源转化为次生能源，原生能源或次生能源经传输成为有用能源，并经过利用转变为最终能源的过程。在能量生产和消费活动过程中，有一部分能量以"三废"形式排入城市环境，因处理不当而造成城市环境污染。

城市化及其生态效应

（1）城市化：随着社会的进步和经济的发展，许多居民数量上千万的超级城市群正在逐渐形成。"城市化"通常指农业人口转化为城市人口的过程。这个过程是一个国家经济、文化发展的结果，是社会进步的象征，也是城市人口增长和分布、土地利用方式、工业化过程及工业化水平和趋势的综合表征。

目前，城市化已是世界性的普遍现象，其标志表现在：① 空间上城市规模的扩大；② 数量上农业人口转变为城镇非农业人口；③ 质量上城市居民生活方式的现代化。1995年中国城市人口占总人口的比重约为29%，这表明城市化的水平仍较低。随着国民经济持续高速增长，城市化步伐也相应加快，至2000年，城镇人口超过4亿，达到了总人口的36.1%。据国家统计局最新发布的数据显示，2012年末中国城镇人口占总人口比重已达到52.57%。

（2）城市化的特点：城市化带来城市面貌大改观：人口密集，产业集中，能源结构改变，需水量增加，交通便捷，信息传递快速，不透水的地面增加，绿地减少，人们相应的生活习惯改变，等等。城市化给发展生产、繁荣经济、扩大贸易、提高文化、促进科技、方便生活、防御入侵、提高行政管理效率、便于总人口控制等带来的好处是显而易见的。城市化带来的负面影响也很多,特别是当大批劳动力盲目从农村涌入城市,超过了城市设施、区域资源和环境的负荷能力时,就会引起一系列城市问题。和许多发展中国家类似,中国在城市人口急剧增长过程中,也先后出现过诸如交通拥挤、住房紧张、水源短缺、环境污染、疾病流行、犯罪增加、就业困难等问题。

(3)城市化的生态效应:当前人类面临的全球性问题,诸如人口、资源、环境、能源、粮食等,也都集中反映在城市里。城市规模的扩大和城市人口的暴涨,必然占用大片耕地;这一方面增加了粮食需要,一方面却减少了粮食生产。资源和能源的大量消耗与不合理利用,既造成资源紧缺,又造成环境污染。人口高度集中所引起的社会生活的变化,对城市居民的生活态度和个人行为也发生重要影响。有些地方青少年犯罪、娼妓、吸毒、酗酒、自杀、心理障碍等,成了高度城市化社会中屡见不鲜的城市痼疾。

城市问题的生态学实质是:① 城市中的物流链很短,常常就是从资源到产品和废物。大量资源在生产过程中不能完全被利用,以"三废"(废液、废渣、废气)形式输出,不仅资源利用效率低,而且污染环境。② 城市中的生产、生活需要大量能源特别是矿物能源。煤炭和石油等燃料的燃烧消耗了大量氧气,加重了大气污染,能源使用的浪费也使环境问题更加严重。③ 城市中各部门、各行业条块分割,各自为政。例如,搞建筑的不管环境,搞交通的不管绿化,追求局部利益和部门最优,缺乏自然生态系统中那种互利共生的关系和追求整体最适的特点。④ 城市生产多着眼于本部门、本企业的局部利益和当前的经济效益,忽视城市生态系统的整体功能和长远效益。⑤ 城市生态系统中消费者和生产者的比例常常失调,生态锥体倒置,稳定性很差,对外部环境有较大依赖性。⑥ 城市中密集的人口、鳞次栉比的房屋,把人们集中在一个个相对密闭的空间内;空调和人工照明、五光十色的霓虹灯以及各种高效方便的车辆,让人陶醉在舒适和人造环境中,这意味着人类在进行自我驯化,结果是人和自然的隔绝、人际间关系的疏远。

如何发挥城市积极有益的方面,克服其消极不利影响,这是当今城市发展中面临的实际问题。这些问题的解决,依赖于改善城市生态系统结构、提高系统功能和调节各部分之间的关系。这也正是城市生态学研究的目的所在。

城市生态环境问题及其调控

(1) 人口问题:1987 年,全球人口达到 50 亿。2000 年时,世界人口突破 60 亿大关。2011 年世界人口已达到 70 亿。美国人口调查局等机构预测:2025～2030 年,世界人口将达到 120 亿～140 亿。中国人口学家预测,中国人口届时会达到 15 亿～20 亿,超过中国自然资源综合考察委员会报告的中国土地最高承载人口量 15 亿～16 亿的极限。按照这种增长趋势,到 2600 年,世界人口将是一个天文数字。

地球究竟能养活多少人?专家们对这个问题的回答并不一致。有人说可以养活 100 亿,有人说可以养活 1 000 亿,也有人说 60 亿就已经超员。事实上,地球的人口承载能力(人口环境容量)是随科技进步与社会经济发展而变化的。在原始人类以采集为生的年代,地球上顶多只能养活 2 000 万人。如今,在日本 30 多万平方千米的国土上就养活了 1 亿多人。从生态学角度说,地球上一切生物赖以生存的能量来源于太阳。地球接受太阳光的面积是一定的,进行光合作用的绿色植物大体上也是一定的。估计全球绿色植物的净生产力每年约为 162×10^{15} 吨,折合成能量计算,约为 3.05×10^{21} 焦。人类维持正常生存的能量每天约为 8.37×10^{6} 焦,植物能食用的部分只占 1%,同时地球上还有其他动物靠植物生存。照这种方法计算,地球上只能养活 80 亿人。中国人口的合理数量应为 7 亿人左右,最近第六次人口普查登记的全国总人口达 13.39 亿,远远超过了地球上这个区域的承受能力。因此,30 多年来计划生育一直是中国的一项基本国策,中国必须严格控制人口增长。

(2) 城市水环境问题及其解决途径:

① 城市水环境问题。城市化进程导致水的供需矛盾突出。人口增加、产业集中致使水的消耗量迅速增长;基础设施增加、房地产开发、扩建地面不渗透区域等,均导致农田、绿地和水面急剧减少,这些都给水环境带来种种不良影响。一方面,暴雨时地面径流量剧增,汇流时间缩短,河流洪水位急速抬高,致使洪涝灾害频发,漫水、积水区域增多。另一方面,地表水下渗量减少,加之地下水的大量抽取,致使地下水位降低,进而引起地面下沉。再者绿地、水面和自然裸地减少,地面蒸发水量减少,导致城市热岛效应加

剧和能源消耗增加。水质恶化,河流人工化、渠道化,水生生物适宜生境随之消失;水边绿化地带缩减,开放空间逐渐消失。加上河水受到严重污染,使河道变成了开敞的"下水道"。

目前我国有400多个城市缺水,严重缺水的城市达110个,而水浪费和水污染仍日趋严重,尤其是水污染,不仅人为加剧用水危机,而且直接威胁居民的健康。

城市水污染有多种来源:城市降水可能把空气中许多污染物,例如尘埃、废气、重金属等携带到地面;城市的径流也会污染城市水体;工业废水与生活废水是城市水污染的主要来源。城市水污染包括无机物污染、有机物污染、生物污染、热污染和放射性物质污染五大类。

② 解决城市水问题的途径。解决城市水问题的关键是推行"城市水资源可持续开发利用战略",即"节流优先,治污为本,多渠道开源"(钱正英,2002)。提出"节流优先"是针对水资源匮乏这一基本水情的客观要求,也是反对用水浪费、降低供水投资、减少污水排放、提高用水效率的最佳选择。为此必须建立节水型体制,调整产业结构和布局,大力发展节水型工业和节水型器具。强调"治污为本"是保护供水水源水质、改善水环境的必然要求,也是实现城市水资源与水环境协调发展的根本出路。在制定城市需水及供水规划时,供水量的增加应以达到相应的治污目标为前提,即未来污水处理设施能力的增长速度必须高于供水设施能力的增长,并采取有效措施治理已经受到污染的城市水环境。谨防忽视污水治理,陷入用水越多、浪费越大、污染越严重,直到破坏现有水源的恶性循环的发生。"多渠道开源"既是水资源综合利用的需要,也是不同水工程技术经济比较和投资组合优化的需要。除了合理开发地表水和地下水等传统水资源外,还应大力提倡开发利用再生水、雨水、海水和微咸水等非传统水资源。可通过工程设施收集和利用雨水。沿海城市宜利用海水做工业冷却水或卫生冲厕水。干旱缺水地区要重视微咸水的利用。另外,净化处理后的城市污水作为再生水,资源数量巨大,被称为城市的第二水源,可用于农田灌溉、工业冷却、城市绿化、环境清洁等。

(3)大气污染及其控制:城市是大量废气排放和污染的场所,当前公认的三大全球性环境问题(温室效应、酸雨和臭氧层破坏)都与城市大气污染有关。城市大气污染物,除小部分来自自然源(如沙尘暴、火山爆发等)之外,主要来自人类的生产和生活活动——能源、工业和运输业。

进入城市空气中的污染物种类很多,已经产生危害和引起人们注意的有100多种,概括为气态污染物和颗粒污染物两大类。气态污染物又分为无机气体污染物和有机气体污染物两类。最主要的气态污染物有硫氧化物、氮氧化物、碳氢化物、碳氧化物以及3,4-苯并芘。颗粒污染物是指空气中分散的微小的固态或液态物质,颗粒直径在0.005~100微米,习惯上分为烟、雾和尘,也可进一步划分为:① 烟气,即含有粉尘、烟雾及有毒、有害成分的废气。② 烟雾,原意是空气中的烟和自然界的雾结合的产物。推而广之,人们把环境中类似上述产物的现象通称为烟雾。比较典型的烟雾有两类:一为伦敦型,由煤尘、二氧化硫、雾混合并伴有化学反应产生的烟雾,我国各大城市的空气污染基本上属于这种类型;二为洛杉矶型,汽车排气和氮氧化合物通过光化学反应形成的烟雾属于此类。③ 烟尘,粒径大多小于1微米,是由燃烧、熔融、蒸发、升华、冷凝等过程所形成的固体或液体悬浮颗粒。④ 粉尘,工业生产中由于物料的破碎、筛分、堆放、转运或其他机械处理而产生的固体微粒,直径介于1~100微米。⑤ 飘尘,直径小于10微米的微粒,在大气中可长时间漂浮而不易沉降。⑥ 降尘,直径大于10微米的微粒,在空气中很容易自然沉降。颗粒污染物约占整个大气污染物的10%,其余90%为气态污染物。

火山爆发、森林火灾、人为燃烧、工业粉碎、汽车轮胎的摩擦、喷雾以及扬尘等都能够引起空气中微粒的产生。降尘可能被人体上呼吸道的纤毛所阻挡,飘尘则可能进入肺泡并被吸收进入血液循环,严重危害人的健康。此外,大气污染物还能遮挡阳光,降低气温,增加城市的雾和降水,降低能见度,影响交通等。

有机废气常用的治理技术主要有冷凝法、吸附法、吸收法、催化燃烧法等,无机废气的治理技术一半采用喷淋法与水洗法。此外,利用绿色植物和微生物净化空气是城市大气污染防治的有效方式,并且具有投资少、见效快、安全性好、无二次污染、易于管理等优点。提倡和推广节能建筑、节能技术、节能生活方式,设计清洁的生产工艺及原材料处理程序,降低能源消耗,改善城市的燃料结构,能够有效减少烟尘和有害气体的排放。当前,各地都很重视煤气工程的建设,致力于以煤气(包括液化石油气、管道煤气和天然气)和电力取代矿物燃料,这对改善城市大气质量起到重要作用。

(4)噪声污染及其消减:噪声属于感觉公害。强噪声可使人的交感神经兴奋、失眠、疲劳、心跳加速、心律紊乱、心电图异常,还会引起头晕、头痛、神经衰弱、消化不良和心血管病等。城市噪声主要有交通噪声、工业噪声、建筑施工噪声和其他的社会生活噪声等。随着城市机动车辆数目的增多,交通噪声已成为城市的主要噪声,约占城市噪声声源的40%。

噪声污染综合整治,就是采用综合方法消减噪声污染以便取得人们所要求的声学环境。影响噪声污染的因素主要是噪声源、传声途径和接受者的保护三部分。除人为(如行政命令或立法)禁止噪声产生(如禁止机动车辆在特定时间、特定地区穿行或鸣笛)外,控制噪声源的措施有两类:① 改进设备结构、提高部件加工精度和装配质量、采用合理的操作方法,从而降低噪声声源的发射功率。② 采用吸声、隔音、减振、隔振等措施以及安装消声器等来控制噪声发射。控制噪声传播途径的措施主要有:① 增加声源的距离;② 控制噪声的传播方向(或发射方向);③ 建立隔声屏障或利用天然屏障;④ 应用吸声材料和吸声结构;⑤ 城市建设规划采用合理的防噪声技术等。加强城市绿化是减轻城市噪声污染的有效措施。有关研究表明,郁闭度0.6~0.7、高9~10米、宽30米的林带可减少噪声7分贝(符号dB);高大稠密的宽林带可降低噪声5~8分贝;乔木、灌木、草地相结合的绿地,平均可以降低噪声5分贝,高者可降低噪声8~12分贝。

(5)固体废物及其处理:固体废物是指在社会生产、流通、消费等一系列过程中产生的一般不再具有使用价值而被丢弃的以固态或泥土状存在的物质,包括城市垃圾、农业废弃物和工业废渣等。

城市垃圾(全称为城市固体垃圾)主要是指城市居民在日常生活、工作中产生的废弃物。城市垃圾的产生量与居民的生活水平、消费习惯以及市政建设情况密切相关,不同国家、不同城市人均垃圾日产量明显不同。随着城市人口的增加和生活水平的提高,城市垃圾的产生量越来越大,成分越来越复杂。它们不仅对土壤、空气、水体造成污染,使环境肮脏不堪;而且侵占土地,阻碍道路和排水沟道,妨碍交通和泄洪;同时还是苍蝇、蚊虫、鼠类以及病原菌的孳生地,成为传播疾病的场所,严重影响环境卫生。

工业废渣指工业生产过程排出的采矿废石、选矿尾矿、燃料废渣、冶炼及化工过程废渣等。依其有无毒性又可分为有毒废渣与无毒废渣两类。工业废渣堆放不但占用土地，而且毁坏土壤、危害生物、淤塞河床、污染水质，不少废渣(特别是有机质的)还是恶臭的来源，有些重金属废渣的危害是长远的、潜在性的。

一般认为，固体废物是"三废"中最难处置的，因为它含有的成份相当复杂，物理性状(体积、流动性、均匀性、粉碎程度、水分、热值等)千变万化。固体废物的传统管理方法是由市政部门负责收集、运输及处理其全部环节。不论是在发达国家还是在发展中国家，这种管理方法都是行之有效的。固体废物的污染防治办法，首先是要控制其产生量。如逐步改革城市燃料结构(包括民用的与工业用的)，控制工厂原材料的消耗定额，提高产品的使用寿命，提高废品的回收率等。其次是开展综合利用，把固体废物作为资源和能源对待，实在不能利用的则可经压缩和无毒处理后再焚烧(包括热解、气化)、填埋或堆肥。固体废物能否处理得当，关键在于建立完善的垃圾管理法规体系，成立专业性垃圾清运和处置公司，实行垃圾处置有偿服务。

(6)热岛效应及其防治："热岛效应"是指城市气温比周围地区高的现象，即气温以城市为中心向郊区递减。尤其是夏天，市区的温度比郊区要高几度，乡村的温度又比郊区的低些。如果将高温区用红色描出，低温区用蓝色描出，城市就像汪洋大海中的孤岛，气象学上把这种现象称之为城市"热岛效应"。

"热岛效应"的形成原因是多方面的。城市工业的高度集中，工厂排放的煤灰、粉尘、CO_2、工业锅炉产生的热量、废气、汽车尾气以及居民消耗的能源气体覆盖在城市上空，它们吸收长波辐射，增加温度。随着城市规模扩大，高楼相连，马路纵横，池塘被填平，植被遭破坏，城市调节温度的能力越来越差。而水泥建筑、沥青路面的吸热能力强，在夏季烈日照射下，温度要比土地上的高达18℃，水泥屋顶温度比草地上的温度高20℃。由于白天大量吸热，夜晚持续散发热量，使市区温度在夜间也降不下来。加上城市人口密集，现代家庭中大量使用电冰箱、微波炉、空调等家电，对"热岛效应"起着推波助澜的作用。

"热岛效应"能引发人类许多疾病。如高温区居民消化系统、神经系统

及呼吸系统易受损害,易患多种疾病。大气污染物还会刺激皮肤,导致皮炎,甚至引起皮肤癌。另外,在高温炎热的夏季,汞、铬含量高的城市里的居民,肾脏易受到伤害。

防止和减轻"热岛效应"的方法很多。例如可以把建筑物表面涂上白色或换上浅色的材料,以减少吸收太阳辐射。在路边、花园和屋顶种花栽树,可使城市温度下降。加强城市规划,统筹安排工厂区、居民区和商业区。尤其是在热岛区加强绿化,通过植物吸收热量来改善城市小气候。将城区分散的热源集中控制,提高工业热源和能源的利用率,减少热量散失和释放,也是一项很重要的措施。总之,城市"热岛效应"并不是无法可治的,比如上海和英国伦敦近几年"热岛效应"就有所改善。

十二、生物多样性

生物多样性是地球演化的独特产物，是人类赖以生存和发展的物质基础，也是社会持续发展的条件。生物多样性保护、全球气候变化和可持续发展是当前国际社会关注的三大热点。生物多样性研究已成为生命科学尤其生态学科领域中最前沿的课题之一。由于生物多样性已经受到严重的威胁，保护生物多样性、保证生物资源的永续利用已成为一项全球性任务。

什么是生物多样性

"生物多样性"一词于 20 世纪 80 年代初首先出现在自然保护刊物上，最早的定义是由美国国会技术评价办公室（简称 OTA）提出的，即指"生物之间的多样化和变异性及物种生境的生态复杂性"。1992 年在巴西里约热内卢召开的联合国环境与发展大会上签署了《生物多样性公约》，其中第二条对"生物多样性"作了如下解释："生物多样性是指所有来源的活的生物体的变异性，这些来源除其他外包括陆地、海洋和其他水生生态系统及其所构成的生态综合体，包括物种内、物种之间和生态系统的多样性。"1994 年中国政府制定并公布的《中华人民共和国生物多样性保护行动计划》（BAP）对生物多样性定义如下：地球上所有的生物——植物、动物和微生物及其所构成的综合体，包括遗传多样性、物种多样性和生态系统多样性三个组成部分。1995年联合国环境规划署（UNEP）发表的《全球生物多样性评估》给出了一个比较简明的定义："生物多样性是生物和它们组成的系统的总体多样性和变异性。"2001 年生态学家孙儒泳认为，生物多样性一般是指地球上生命的所有变异。

综上所述,生物多样性包括数以百万计的动物、植物、微生物和它们所拥有的基因,以及它们与生存环境形成的复杂的生态系统。

生物多样性的科学内涵

由上述定义可知,生物多样性是一个内涵十分广泛的重要概念,它包括多个层次或水平,目前国际上公认生物多样性通常包括三层含义,即遗传多样性、物种多样性和生态系统多样性。

(1) 遗传多样性:狭义的遗传多样性是指物种的种内个体或种群间的遗传(基因)变化,也称为基因多样性。广义的遗传多样性是指地球上所有生物的遗传信息的总和。遗传多样性是物种和生态系统多样性的重要基础。

一个物种的遗传组成决定着它的生物学特性和对特定环境的适应性,以及它的可利用性等。任何一个特定个体和物种都保持着大量的遗传信息(基因),就此而言,它可被看作是一个基因库。遗传多样性包括分子、细胞和个体三个水平上的遗传变异度,因而成为生命进化和物种分化的基础。一个物种的遗传变异越丰富,它对生存环境的适应能力便越强,一个物种的适应能力越强,则它的进化潜力也越大。对遗传多样性的研究有利于了解物种或种群的进化历史、分类地位和相互关系,为生物资源的保存、利用提供依据。

(2) 物种多样性:物种多样性是指一定区域内生物种类(包括动物、植物、微生物)的丰富性,即物种水平的生物多样性及其变化,包括一定区域内生物区系的状况(如受威胁状况和特有性等)、形成、演化、分布格局及其维持机制等。物种多样性是衡量生物多样性的主要依据,也是生物多样性最基础和最关键的层次。

据威尔森(E. Wilson)1992 年统计,全球已记录的生物为 141.3 万种,其中昆虫 75.10 万种,其他动物 28.10 万种,高等植物 24.84 万种,真菌 6.90万种,真核单细胞有机体 3.08 万种,藻类 2.69 万种,细菌等 0.48 万种,病毒0.10 万种。估计全世界生物物种总数在 200 万种至数千万种之间。有些科学家推断,地球历史上先后产生过 5 亿个物种。

(3) 生态系统多样性:生态系统多样性是指生物群落及其生态过程的多样性,以及生态系统内生境的差异、生态过程变化的多样性等。生境的多样性是生物群落、生态系统多样性的基础,正是由于丰富多样化的生境类型,才为不同物种的生存和生长提供了条件,这些不同物种的不同排列与组合形成了不同的群落类型,而各个群落又和它的无机环境形成了一个个复杂的功能单位,即生态系统。基于全球性和区域性的生境分异,世界上生态系统的多样性也很难统计,起码多达数千个类型。据《中华人民共和国生物多样性保护行动计划》,中国的生态系统分成595类,其中仅森林生态系统就多达248类。

生物多样性的研究内容

生物多样性研究包括生物多样性的起源、维持和丧失,生物多样性的编目、分类及其相互关系,生物多样性价值和意义、评价与监测,物种濒危机制及保护对策,生物多样性的保护管理、恢复和持续利用,生物多样性信息系统,影响生物多样性的各种因素(人为因素、外来种入侵、转基因物种生物安全等)。从保护生物多样性的目的出发,主要研究在自然条件和人为活动条件下生物多样性的现状和变化过程等有关的特征和规律,研究保护生物多样性的途径、措施和方法,以及可操作性的生物多样性保护技术等。生物多样性研究几乎涉及生态学中对个体、种群、群落和生态系统所有研究层次的基础理论问题,又需要在理论研究基础上提出行之有效的保护技术。

按照生物多样性三层含义的区分,遗传多样性、物种多样性和生态系统多样性的研究内容也有各自的侧重点。

遗传多样性研究主要包括自然种群的遗传结构(如基因频率、每个基因的位点数及其等位基因数),饲养动物和栽培植物的野生组型及亲缘种的遗传学,物种种质资源基因库(如植物种子库、动物精液库和胚胎库、各种无性繁殖体库)的建立,极端环境(如高温、荒漠、沼泽、盐碱地、温泉、深海、高寒等)条件下的生物遗传特性等。

物种多样性研究包括建立物种多样性档案馆,查明现有物种的种类、数量,各区域生态系统中生物群落的组成、结构及分布规律,编写不同生物区系的生物图志,建立物种多样性标本馆和陈列馆;调查珍稀濒危物种的现存数量、生境现状、分布区域、种群动态及濒危原因;探明野生经济物种资源;物种多样性的就地保护和迁地保护等。

生态系统多样性研究包括各生物气候带中地带性生态系统多样性,特殊地理区域生态系统多样性,农业生态系统多样性,岛屿、海岸和湿地生态系统多样性,城市生态系统多样性,自然生态系统的保护,生态系统多样性保育与持续开发利用,生态系统多样性的自我组织和发展变化机理等。

生物多样性研究方法

(1) 遗传多样性研究方法:遗传多样性体现在种群、个体、组织和细胞以及分子水平上,应用不同的检测技术可从不同角度揭示各层次的遗传背景。种群内遗传变异性的测度包括:① 多型种群基因(具有一个以上的等位基因)的数目和百分数;② 每个多型基因的等位基因数;③ 每个个体中多型基因的数目和百分数。实际上,目前对遗传多样性的检测只限于重要的濒危物种或具有明显生态或经济价值的物种,普遍采用同工酶电泳技术,具有方法灵敏、操作简便的优点。但这种技术只限于检测编码酶蛋白的基因位点,也受到染色方法等的限制。

利用野外采集的样本或标本,直接进行表型(形态)性状分析检测遗传多样性是传统而又简便易行的方法,但是由于受可检测基因位点限制和环境条件的影响,这种方法应用起来有一定的局限性。子代测定和亲缘分析可以定量地检测数量性状的遗传变异程度,区分影响数量性状变异的遗传因素和环境因素。利用核型分析可以在染色体水平上检测遗传多样性变异。检测遗传多样性的有效方法是直接分析和比较 DNA 碱基序列,包括直接测序分析特定基因或 DNA 片段的核苷酸序列,来度量基因组的变异性。这种方法可以不依赖任何水平的表型而直接检测遗传变异,避免单凭表型推断基因型可能出现的问题,其中,采取限制性片段长度多态性 DNA (RFLP)方法检测特定基因组或 DNA 片段识别位点应用十分普遍,这是发展最早的 DNA 标记技术。目前多采用以聚合酶链式反应(PCR)为基础的 DNA 多样性检测方法,是体外酶促合成特异 DNA 片段的一种方法,为最常用的分子生物学技术之一。

(2) 物种多样性研究方法:物种多样性检测包括常规的生物资源清查、野外调查统计和抽样调查。涉及一个物种的所有种群,包括异质种群(隔离生境不同斑块中的局部种群)或者单一的分离种群多样性的变化。利用指示种进行环境变化的监测评价已经在生态学、环境学、农业、林业和野生动植物管理等领域得到了广泛的应用。物种监测包括形态、生理、行为、遗传、分布、数量及其生境等多方面内容。种群统计包括物种数量、生长状况、年龄结构、性别比、生育个体比例、出生率、存活率和死亡率等。监测异质种群时要考虑物种的空间特征,局部种群的个体数以及种群在时空上的迁移、变化。生境监测涉及其理化特性,栖息地面积、形状,生境丧失或破碎、干扰强度与频率,资源状况与外来种入侵等。生境适合度指数通常作为重要的监测指标。

具体定量测定群落物种多样性,最简单易行的方法是采用"丰富度指数",它可以表明一定面积生境内生物种类的数目。由于群落物种多样性不仅和群落中物种的丰富度(物种数目多少)有关,而且还和物种的均匀度(各物种个体分布的均匀程度)有关,因此生态学家研究并提出"多样性指数",作为反映物种丰富度和均匀度的综合指标。最著名而且常被使用的有辛普森多样性指数(Simpson's diversity index)和香农—威弗多样性指数(Shannon—Weaver index of diversity)。比方有甲、乙两个群落,甲群落中有 A、B两个物种,它们的个体数分别为 99 和 1;乙群落中也只有 A、B 两个物种,但它们的个体数都是 50。以丰富度来说,甲和乙两个群落是一样的,但均匀度不同,按照多样性指数公式计算,甲、乙两群落物种多样性指数就有差别,乙群落的多样性明显高于甲群落。由此可知,生物群落所含的种类数目越多,多样性越大;群落中各物种的相对密度越均匀(即各物种的个体数很接近),也会使多样性提高。

(3)生态系统多样性研究方法:生态系统多样性研究包括监测群落和生态系统的组成、结构、功能的变化。群落多样性测度包括群落内的和群落间的多样性两个方面。其中,群落内多样性的测度包括上述物种丰富度和均匀度指数及物种多样性指数等。不同的测度方法有其各自的特点和应用局限性,需依据群落类型和特点选择应用。

在生态系统水平上除监测群落结构外,还需强调对生态系统功能变化过程的监测。系统功能变化与生境改变密切相关。生境的监测可能涉及面积、形状、空间分布、生境片段化与物种流动和生境退化等各项指标。许多干扰如酸雨、气候变化、外来种入侵、采伐和狩猎等对生物多样性和生态过程都会产生影响,因此监测应包括大气温度、降水、湿度、光照和辐射、土壤、水质等指标。

生物多样性研究发展趋势

随着生物多样性研究的不断深入,研究发展趋势正在从以物种为中心转向以生态系统为重点,即从多样性的生物学研究转向多样性的生态学研究,深入认识种群和群落的多样性结构、功能和动态特征,力求使种群及群落生态学与保护生物学的研究内容有机地联系起来,予以它们某种统一规律的认识。充分考虑生物多样性从个体至生态系统的多层次组织结构及其功能的重要性,从而深入了解生物多样性的产生、维持和濒危机制,以及生物多样性结构与动态变化过程的相互关系。

目前,国际生物多样性研究的焦点包括:① 生物多样性的起源、维持和濒危机制研究;② 生物多样性的生态系统功能;③ 生物多样性的清查、编目、分类和多样性之间的相互关系;④ 生物多样性的监测与评价;⑤ 生物多样性的保护、恢复和持续利用;⑥ 人类活动引起的环境干扰对生物多样性的影响;⑦ 土壤和沉积物生物多样性;⑧ 海洋生物多样性;⑨ 微生物多样性;⑩ 遗传多样性及其管理。

除了从生态学途径探索生物多样性问题之外,还需考虑遗传学、古生物学、生物地理学和分类学的理论与方法的应用。此外,也需要运用与人类活动相关的社会经济学理论与方法研究生物多样性的保护与持续利用。

生物多样性的意义

生物多样性是保障人类生存不可取代的资源,也是维护地球环境的关键因素。人类的生存、地球上各种生物的生存和发展、地球环境的维护和永续利用,都依赖于生物多样性。

(1) 生物多样性是生态系统稳定的基础:生态系统的理论与实践告诉人们,生物种群的数量及其生存质量影响着生态系统的稳定。生物多样性越丰富,生态系统就越稳定;反之,生物多样性越贫乏,生态系统就越脆弱。例如,中国西周时期的黄河流域,森林覆盖率尚达53%,当时气候温和,水源富足,物产丰饶,是极适合人类生活的地区。从山西的丁村文化遗址、陕西的半坡文化遗址、河南的仰韶文化遗址到山东的龙山文化遗址,无不能够看到先人们曾在那里狩猎、捕鱼、放牧、务农、制陶,生产铜器和铁器,继承并发展了从新石器时代到史前的各种文化,证明黄河流经的山西、陕西、河南等地是华夏文明的发祥地。如今,黄河流域部分地区天然林覆盖率降到3%,水土流失严重,生态环境破坏,气候干旱,许多地方成为童山秃岭、山石裸露的不毛之地。黄河流域生物种类急剧减少,多样性严重降低,致使自然灾害和生物灾害时有发生,甚至自1972年黄河开始自然断流,1987年后几乎连年出现断流,且断流时间不断提前,断流范围不断扩大,断流频次、历时不断增加。

事实说明,生态环境和生物多样性密切相关,良好的生态环境是生物多样性存在的基础,而生物的多样性又具有改善生态环境、提高生物抵御自然灾害的能力。

生物多样性还能增强生态系统的缓冲和补偿能力。在生物多样性高的系统中,不同的生物种类都有其特有的抗病虫害和抗逆能力。通过物种间的调整,使整个生态系统的生物总量保持平衡。生物种类越多,系统的缓冲和补偿的能力就越强。

生物物种间通过生存竞争、相生相克、联合作用、伴生互助等,提高了自身的生存能力和对环境的适应性,由此展现给人类一个千姿百态、绚丽多彩的生物世界。

(2)栽培植物和饲养动物多样性是人类生活的保障:栽培植物和饲养动物多样性大致有两层含义,第一是指其种类的多样性;第二是指同种中的品种、品系或生态类型的多样性。

在人类已知的35万种植物中,人类曾栽培过其中的3 000多种,全球普遍栽培的就达150多种,目前人类的食物主要来源于20多种植物,主要是小麦、玉米、水稻、大豆和高粱。据史籍记载,中国商周时代的作物种类还相当多,仍沿袭"百谷"之称,但经人工选择已逐步形成集中种植的趋势,到春秋战国时期开始出现了"五谷"的说法。《史记》记载的"五谷"为麦、稷、黍、菽和麻。那时的人们已经认识到作物种类多样性的意义,如"种谷必杂五种,以备其害;五谷不绝而百姓有余食也"。一个地区的农作物栽培种类减少,农业生产的稳定性就受到威胁,抵御自然和生物灾害的能力就下降。长期种植一种作物不但会使土壤的养分失衡,而且由于植物自身具有的自毒现象,也会导致土壤的连作障碍。

（3）生物多样性与人类的未来息息相关：地球生物界都经历了几十亿年的进化和发展,其生命的内部结构和生理生态功能,人类是无法再造和模拟的,其信息含量难以计量。如果这些生物在人类尚未认识和开发利用之前就消失的话,对于我们人类来说将是不可挽回的损失。生物多样性不仅关系到整个人类的未来,目前生物多样性受危的现状已影响到人类的现实生活。例如,育种专家普遍感到用来改良作物和畜禽品种的野生动植物物种已越来越少;以动植物为原料的工业和药物生产,面临资源日益短缺的严重局面,影响到人类的生活和健康;由于大量使用杀虫剂,昆虫等种类急剧减少,有些虫媒授粉作物不得不进行人工授粉,不但耗费大量人力和物力,而且授粉质量远不如自然昆虫授粉。美国昆虫学家爱德华（Edward）认为,如果地球上各种昆虫和节肢动物都灭绝的话,人类只能存活几个月。

可见,生物多样性具有巨大的历史、现实及未来社会经济意义。地球上的生物多样性以及由此形成的生物资源构成了人类赖以生存的生命支持系统,是人类生存和发展的基础。人类社会从远古发展至今,都建立在生物多样性的基础上。它为人类提供所需食物、医疗保健药物、生物能源及工业原料,并维系着人类未来生物工程所需的巨大潜在的遗传基因库,对人类物质文明建设具有重要的现实价值,同时还提供了保护生态环境的服务功能;它极其重要的社会、伦理和文化价值,对促进人类精神文明和伦理道德的健康发展,也具有极大的意义。

生物多样性的价值

价值分类是经济评价的基础。近年来,各国学者在环境资源价值分类研究中进行了各种讨论,虽然生物多样性意义重大,但需要指出的是,由于其自然属性距离市场与商品的社会属性较远,往往不被人们所重视,因此,生物多样性经济价值的评估是十分困难的,成为当今世界生态经济学的热点和难点之一。联合国环境规划署（UNEP）以及经济合作与发展组织（OECD）等提出有关生物多样性价值分类体系。1990年国际自然保护联盟（IUCN）首席科学家麦克尼利（J. McNeely）首先根据生物多样性产品是否具有实物性,将生物资源价值分为直接价值和间接价值,随后又根据其产品是否经过市场贸易和是否被消耗的性质,将它们进一步划分为消耗性使用价值、生产性使用价值、非消耗性使用价值、选择价值、存在价值等。

(1)生物多样性的直接价值:即使用价值或商品价值,是人们直接收获和使用生物资源所形成的价值。生物多样性的直接价值按照产品形式分为显著实物型直接价值和非显著实物型直接价值。

① 显著实物型直接价值。此类价值以生物资源提供给人类直接产品的形式出现,体现在生物资源被直接用作食物、药物、能源、工业原料等。麦克尼利(McNeely)等将实物型直接价值又细分为消耗性使用价值和生产性使用价值。消耗性使用价值是指没有经过市场而被当地居民直接消耗的生物资源产品的价值,如薪柴、野味肉品等。消耗性使用价值很少反映在国家收益账目上,可通过市场价值机制来估计其假定在市场上出售的价值,因而可将其评定为一定量的经济价值。生产性使用价值是指经过市场交易的生物资源产品的商品价值,如木材、药材、薪材、野味、鱼、动物毛皮、饲料、食用菌以及粮食、蔬菜、果品等。生产性使用价值通常反映在国家收益账目上。

人类的食物几乎完全取自资源生物,估计可食用植物有 7 万多种;迄今约有 3 000 种被用作人类食物,目前人类种植作物 150 余种,其中约 20 种植物提供给人类 90% 的粮食来源,仅小麦、水稻和玉米三个物种就提供了 70%以上的粮食。应用野生遗传资源改良畜禽和农作物品种,每年增值可达数百亿元,种质资源的国际交流已成为世界粮食生产的基本保障条件之一。发展中国家 80% 人口靠传统药物进行治疗,发达国家 40% 以上的药物依靠自然资源,许多药品的原材料取自野生生物。一些动物还是重要的医药研究模型和实验动物。生物多样性还为人类提供多种多样的工业原料,如木材、纤维、橡胶、造纸原料、天然淀粉、鞣料、芳香油、油脂等,甚至石油、天然气和煤这些最主要的能源也来自于地史时期的生物。在比较边远的地区,人类所需能源仍主要依靠自然生物资源,其中最主要的是森林出产的薪柴以及作物秸秆。

② 非显著实物型直接价值。此类价值体现在生物多样性为人类所提供的服务,虽无实物形式,但仍可感觉且能够为个人提供直接消费的价值,如生物多样性为人类提供生态旅游、动植物观赏、科研教学等,其服务内容丰富多样,服务价值难以估算和货币化。其服务价值高低与人类对此类服务

的需求和认识程度有关。

(2)生物多样性的间接价值:间接价值主要指生态系统的功能价值,或环境的服务价值,即维持生态平衡和稳定环境的功能,常包括选择价值、遗产价值和存在价值。主要体现在:① 生物多样性提供生态系统演替与生物进化所需要的丰富物种与遗产资源;② 生物多样性在构成和维持生态系统结构和功能方面的作用;③ 表现为生态系统的服务功能,如调节气候、保持水土、涵养水源、减少自然灾害、光合作用与有机物合成、固定 CO_2、吸收与降解污染物、净化环境、促进营养物质循环等。生态效益是非实物及非消耗性价值,通常不能反映在国家的收益账目中。

选择价值是指个人和社会对生物资源和生物多样性潜在价值的将来利用,包括将来的直接利用、间接利用、选择利用和潜在利用。基因、物种及生态系统的多样性为人类社会适应自然变化提供了选择的机会和原材料。如果使用货币来计量选择价值,则相当于人们为确保自己或别人将来能利用某种资源或获得某种效益而预先支付一笔保险金。选择价值的支付愿望包括三种情况:为自己将来利用;为自己子孙后代将来利用;为别人将来利用。

遗产价值是指当代人为某种资源将来保留给子孙后代而自愿支付的费用,体现在当代人为他们的后代能受益于某种资源存在的认知而自愿支付其保护费用。

存在价值是指人们为确保某种资源继续存在(包括知识存在)而自愿支付的费用。存在价值是资源本身具有的一种经济价值,是与人类利用与否无关的经济价值,也与人类存在与否无关,即使人类不存在,资源的存在价值仍然有。

了解生物多样性全面价值,可以从各个角度来观察和研究生物多样性,从而揭示生物多样性对人类的不可缺少的重要性。特别是通过对其经济价值构成的分析,使我们了解:直接利用价值仅仅是生物多样性总价值中的一小部分。重视对间接利用价值的开发,并充分认识选择价值和存在价值的意义,对于保护生物多样性是十分重要的。

生物多样性与可持续发展

自 20 世纪以来,人类在享受高度发达的物质文明的同时,由于生产活动和社会活动的无节制,也给生态环境和自然资源造成了极大的破坏,使经过30多亿年进化形成的生物圈与地球岩石圈、大气圈、水圈之间的异常复杂的平衡关系遭到严重的干扰,甚至无法恢复。人类所面临的一系列棘手的全球性问题,如人口膨胀、环境恶化、能源短缺、资源匮乏、生物多样性锐减、水土流失、气候变化、自然灾害频繁等,都关系到人的存在本身,人类的生存和发展面临严重挑战。对自身存在的深入反思,成为人类无法逃避的紧迫课题,人类不得不变换一种发展观念。

发展是文明社会的永恒主题,"可持续发展"一词最早是由环境学家和生态学家提出来的,1972年国际环境和发展委员会首次正式使用。1987年在联合国的《我们共同的未来》报告中对可持续发展给出这样的定义:可持续发展是指既满足当代人的需要,又不损害后代人满足需要的能力的发展。从根本上讲,就是促进经济、社会、人口、资源和环境的协调发展,处理好人与自然的关系,使人类社会的发展呈现良性循环。它以资源的可持续利用和良好的生态环境为基础,经济的持续发展为前提,目标是谋求整个人类社会的可持续发展。可持续发展的基本原则包括:① 公平性原则,包括代内和代际公平两个方面,应给予后代人以公平利用自然资源的权利;② 持续性原则,指经济建设与社会发展不能超出自然资源与生态环境承载能力的限制;③ 共同性原则,指实现可持续发展是全世界共同的目标,也是全人类共同的责任,需要采取共同的行动。

当今世界面临的人口、资源、环境、粮食、能源五大危机的解决都与地球生物多样性有着密切关系。生物多样性危机凸现出当代人类的生存困境,作为与人的存在攸关的问题,生物多样性对于物种的保存和人类生存具有前提意义,因此也就顺理成章地被纳入人类思考的范围,它昭示出人类在未来与环境和谐发展、摆脱生存危机的可能前景,这就使人类不得不设法维持生物多样性,生物多样性保护和生物资源的可持续利用受到国际社会的极大关注。1992年6月在巴西召开的联合国环境与发展大会上,国际社会对此问题达成共识,保护生物多样性成为大会重要的议题,大多数国家元首或政府首脑在《生物多样性公约》上签了字。同时,这次大会还通过和签署了《21世纪议程》,第一次把可持续发展由理论和概念推向行动,成为人类有关环境与发展的一个新的里程碑,对确立可持续发展作为人类社会发展新战

略具有十分重大的意义。

全球物种多样性现状

有关全球物种多样性现状可以从物种数目、世界上物种多样性特别丰富的国家及全球物种多样性的热点地区这几方面来阐述。

(1)物种数目:据希伍德(Heywood)等1995年报道,全球有1 300万～1 400万个物种,其中经科学家鉴定描述过的物种约175万种(表12-1)。时至今日,科学家对高等植物和脊椎动物的了解相对比较清楚,但对其他类群如昆虫、低等无脊椎动物、真菌、细菌等还不够了解,每年仍然发现大量新物种。如1980年专家对巴拿马地区的19棵树进行昆虫采集和分类研究,竟发现多达1 200种甲虫,其中的80%是以前没有命名的新种,科学家被热带森林昆虫多样性所震惊。有些分类学家发现,从长度为1厘米至10米的动物中,长度每减少十分之一,物种数目将增加100倍。由此可见,人类对昆虫、低等无脊椎等小型动物等的了解还远远不够,尚未认知的种类占有很大的比例。

表 12-1　　　　　　　全球主要生物类群的物种数目

生物类群	已记载的物种数/万种	估计可能存在的物种数/万种
病毒	0.4	40
细菌	0.4	100
真菌	7.2	150
原生动物	4.0	20
藻类	4.0	40
高等植物	27.0	32
线虫	2.5	40
甲壳动物	4.0	15
蜘蛛类	7.5	75
昆虫	95.0	800
软体动物	7.0	20
脊椎动物	4.5	5
其他	11.5	25
总计	175.0	1 362

（2）物种多样性特别丰富的国家：全球物种不是均匀地分布于世界各国，只有位于或部分位于热带、亚热带地区的少数国家拥有全世界最高比例的物种多样性，称为生物多样性特别丰富的国家，计有巴西、哥伦比亚、厄瓜多尔、秘鲁、墨西哥、扎伊尔、马达加斯加、澳大利亚、中国、印度、印度尼西亚、马来西亚等 12 个国家，其物种数目占全球物种数的 60%～70%，甚至更高，它们在全球生物多样性保护中有着重要的战略意义。其中，巴西、扎伊尔、马达加斯加和印度尼西亚四国就拥有全世界 2/3 的灵长类物种数，巴西、哥伦比亚、墨西哥、扎伊尔、中国、印度尼西亚和澳大利亚七国拥有全世界一半以上有花植物种，全世界一半以上热带雨林分布在巴西、扎伊尔和印度尼西亚三国。

从生物类群来看，哺乳类种数最多的国家是印度尼西亚（579 种），鸟类最多的国家是哥伦比亚（1 870 种），爬行类最多的国家是墨西哥（717 种），两栖类最多的国家是巴西（516 种），凤蝶最多的国家是印度尼西亚（121 种），种子植物最多的国家是巴西（估计 55 000 种）。

（3）全球物种多样性热点地区：英国生态学家梅尔斯（Myers）在 1988 年首次提出"生物多样性热点地区"的概念，他认识到那些热点生态系统在很小的地域面积内包含了极其丰富的物种多样性。梅尔斯根据极高的特有性水平及严重威胁的程度这两个标准，在全球划出马达加斯加、新喀里多尼、巴西大西洋沿岸、菲律宾、东喜马拉雅、西亚马逊高地、哥伦比亚乔科省、厄瓜多尔西部、马来西亚半岛、缅甸北部、科特迪瓦、坦桑尼亚、印度加茨西部、斯里兰卡西南部、南非开普敦地区、澳大利亚西南部、加利福尼亚植物区系省、智利中部等 18 个生物多样性热点地区。这些地区仅占地球面积的 0.5%，却拥有全球 27% 的高等植物种，其中 13.8% 还是特有物种。

"生物多样性热点地区"的概念在 2000 年被保护国际（Conservation International，简称 CI）加以发展和定义，进一步明确一个地区物种多样性的重要程度不仅取决于该地物种数目的多少，而且还在于物种特有性的高低。保护国际成立于 1987 年，是一个总部在美国华盛顿特区的国际性非盈利环保组织，宗旨是保护地球上尚存的自然遗产和全球的生物多样性。综合物种多样性和特有性，结合物种受威胁的程度，现在评估热点地区的标准主要有两个方面：特有物种的数量和所受威胁的程度，据此 CI 在全球确定了 34

个物种最丰富且受到威胁最大的生物多样性热点地区,这些地区虽然只占地球陆地面积的 3.4%,但是包含了超过全球 60%的陆生物种;而且生存在这些地区的很多动植物种类是当地特有的。

中国西南山区也是 CI 确定的全球 34 个生物多样性热点地区之一。它西起西藏东南部,穿过川西地区,向南延伸至云南西北部,向北延伸至青海和甘肃的南部,这里拥有 12 000 多种高等植物和本国大约 50%的鸟类和哺乳动物。

(4)微生物多样性及其特点:微生物物种繁多,包括原核生物中的细菌、放线菌,无细胞结构的病毒,以及真核生物中的小型真菌等类群。微生物是生物多样性的重要组成部分。只是由于它们一般个体小,人眼看不见,需要专门设备才能进行研究,因而微生物多样性及其保护的调查研究历来比较薄弱,尚未形成完整的研究体系,不像动植物特别是珍稀动植物那样引人注目。实际上,微生物在生命起源与生物进化中的重要地位,在生态系中的巨大功能,以及在生产实践和人类社会进步中的杰出作用,已为世人所公认。对微生物多样性的进一步研究,显然在科学和实践上都将产生深远影响。

微生物多样性具有明显的特征:① 生活环境多样化。尽人皆知,微生物"无孔不入""无处不有",即使是在极地、冻原、戈壁、荒漠、水下、土中、深海,甚至在污泥浊水、茅厕粪坑等其他生物不能立足生存的地方,微生物都扮演了生物因子中的主角。也即在高温、高盐、高碱、高压和低温、低 pH 等极端环境中,几乎是某些微生物的一统天下。② 生活方式和代谢类型多样。不同微生物类群有各自的营养方式和代谢类型。有的利用光能,有的只利用化学能;有的以无机物作为碳源,有的以有机物作为碳源;有的只能在有氧条件下生活,有的则必须在无氧生境生存,有的兼能在有氧或无氧环境中繁衍。因而有光能自养菌、化能自养菌、光能异养菌和化能异养菌之分,以及有好氧菌、厌氧菌与兼性菌之别。微生物在长期进化过程中与其他生物形成了共生、共栖、寄生、拮抗等不同的关系。这就提供给人类微生物资源的多样性。③ 基因多样性。微生物物种多样性必然伴随基因的多样性,它们的特殊的生理功能与非凡的适应能力必然由特殊基因所操控。

全球生态系统多样性

全球生态系统(即生物圈)包含全球主要的陆地生物群落,即热带雨林、亚热带常绿阔叶林、亚热带常绿硬叶林、温带落叶阔叶林、北方针叶林、温带草原、热带稀树草原、荒漠、冻原等。有关各种生物群落的详细内容,可参阅本书有关部分。全球生态系统除上述基本的地带性类型外,还有许多跨地带的或局部地区的群落类型如高山、草甸等;此外还包括海洋生态系统、淡水生态系统及湿地生态系统。如再逐级往下划分,全球的生态系统至少有数千个类型。

以热带雨林为例。热带雨林物种极其丰富,研究者曾调查了世界上物种最丰富的 10 个热带雨林区,所有调查研究面积总计大约仅占地球面积的0.2%,竟拥有 34 400 种热带雨林特有植物,占全部热带雨林植物种数的27%,是世界上所有植物物种数的 13%,其中还有大量特有动物种。

草原生态系统有天然的、半天然的和人工培植的。天然草原自然生长,人类对天然草原的生物群落及其生态平衡尚无显著影响。人工培植的草原由人工种植和管理,这种草原对维护生物多样性作用微小。各种各样的半天然草原虽不是人工播种,但由于放牧家畜而变化很大。由于地球上纯天然草原已经很少,半天然草原对生物多样性保护就显得很重要,世界上大部分草原物种都存在其中,许多物种依赖这些草原才得以存活。在天然或半天然草原上,植物多样性水平甚至可与热带森林相比;草原动物某些种的个体数可能很多,但物种的丰富程度却可能很低,在草原地带生活的动物中,鸟类和哺乳类只各占其世界总种数的 5% 和 6%。

生长在热带和赤道海洋沿岸带的珊瑚礁,为大量物种提供广泛的食物和多样化生境,其中某些物种仅存于珊瑚礁生态系统之中。澳大利亚的大堡礁绵延约 3 000 千米,是世界上物种最丰富的珊瑚礁之一,生活有 500 多种珊瑚,同时支持 2 000 多种鱼类的生存繁衍。科威特一个面积不过 4 平方千米的小珊瑚礁,也含有 23 种珊瑚和 85 种鱼类。

红树林是许多鱼类和螺贝类动物的栖息生境和繁殖场所,而这些海产品又是当地食物和收入的重要来源。例如亚洲红树林平均支撑着 283 种鱼、229 种甲壳纲动物和 211 种软体动物的生存。在哥斯达黎加红树林每年收

获的 500 万只鲜贝,给当地经济带来了可观的收入;许多热带国家以红树林为基地的捕虾业是其外汇收入的重要来源。红树林区是许多海洋鱼类必不可少的产卵场和育幼所。

全球遗传多样性

遗传多样性是生物多样性的基础和重要组成部分,是地球所有生物携带的遗传信息的总和,全球遗传多样性的数量巨大。遗传多样性可以表现在多个层次上,如分子、细胞、个体等。在自然界中,对于绝大多数有性生殖的物种来说,种群内的个体之间往往没有完全一致的基因型,种群就是由这些具有不同遗传结构的多个个体组成的。

每种生物染色体的数目是恒定的,玉米为 20 条,水稻 24 条,人类 46 条,虽然细胞中染色体数目不可能很多,但其遗传基础的基因和核苷酸对数却很多,例如人类的平均基因数为 3 万左右,水稻基因数竟然是人类的两倍,这些基因可以分离重组,产生更加丰富多样的基因型。另外,基因突变也会增加遗传的多样性。水稻 24 条染色体,仅其非同源染色体分离时的可能组合就有 $2^{12} = 4\,096$ 种;另外同源染色体 DNA 顺序(基因)间的交换也是遗传重组的重要部分。总之,全球遗传基因多样性的数量非常巨大,是难以计量的。

全球生物多样性的丧失

(1) 地史时期中物种大灭绝事件:在人类出现之前,地球生物多样性在时间与空间中的演化与生物的进化历程和地壳、水圈和大气圈的演化息息相关。

生物进化史中曾发生过 5 次重大的生物灭绝事件。约在距今 5 亿年前发生第一次大灭绝,包括多种三叶虫在内的 85% 生物种消失;约 4 亿年前发生的第二次大灭绝,地球上 82% 物种消失,包括许多无颌类、盾皮鱼类和三叶虫类;约在 2.9 亿年前开始发生的第三次大灭绝,地球 96% 海洋物种灭绝;第四次发生在约 2.45 亿年前,80% 爬行动物物种消失;距今约 1.38 亿年开始第五次生物大灭绝,至白垩纪末有 76% 物种丧失,在许多海洋生物灭亡的同时,统治地球近两亿年的恐龙灭绝。古生物这 5 次重大灭绝以第三次

(二叠纪末)规模最大,经数百万年后生物才又开始繁荣昌盛,而且演化出多种高级类型。

科学家发现,每次生物多样性危机造成物种大灭绝之后,随着地球自然环境的恢复和改善,新的物种产生并逐步繁盛,进化到一个新的阶段,这个恢复和进化的时间可持续千万年。在地球历史上,生物多样性曾经出现3次大爆发,分别是在古生代、晚古生代和新生代,其中生物多样性最高峰是在新生代最近时期即一万年以来的冰后期。

目前地球已经处在科学家预言的最近一次物种大灭绝前夕,即第六次大灭绝,以许多岛屿型物种、大型哺乳动物和鸟类的灭绝为标志,这一次物种大灭绝与前五次不同,无疑与人类活动密切有关。

生物多样性的演化从无到有、由简变繁。生物多样性演化与生物的进化历程密不可分,也与地壳、水圈和气圈的演化息息相关。关于地球历史上5次生物多样性危机的原因,科学界有几种观点,概括起来主要是天文灾害、地质灾害、气候灾害三个学说,它们的共同点在于地球表层自然生态环境由于突发的自然灾害而发生突变恶化,生物界的物种不适应而大量灭绝。这种灭绝的时间较短,一般持续几千年、几万年,最长的10万年。

(2)人类出现以后造成的危机:自地球上出现细胞形态的生物以来,由于自然原因发生过5次生物多样性危机,也出现过3次物种大爆发,其中生物多样性最高峰出现在人类产生的新生代后期,这是自然界给予人类最宝贵的资源,人类对此应当也必须十分珍惜并加以保护。

在地球生命进化历程中,旧的物种逐渐灭绝,新的物种不断形成,灭绝速度和形成速度大致相等,维持一种平衡状态。但是近几个世纪以来,人类的活动极大加快了地球上生物多样性的消失速度,致使目前生物灭绝速度比形成速度快得多。据科学家研究,在过去2亿年中,自然灭绝的脊椎动物平均每世纪90余种,高等植物大约每27年灭绝一种。而现今物种的灭绝速率是地球史上最高的,为自然灭绝速度的1 000倍。目前地球上每小时就有一种生物在灭绝。据世界《红皮书》统计,在刚刚过去的20世纪,110个种和亚种的哺乳动物和139种和亚种的鸟类已经在地球上消失,到2050年25%的物种陷入绝境。据IUCN濒危植物中心保守的估计,6万种植物将要濒临灭绝,物种灭绝总数将为66万~186万种。现在全世界有5 000多种动物和上万种植物正濒临灭绝。目前全球有三分之一两栖类的生存受到威胁，2004年全球就有168种两栖动物灭绝。尽管不同学者估计的数字不尽相同，然而无可争辩的是，生物多样性目前正以前所未有的高速度在丧失，发展中国家情况尤为严重。

中国生物多样性现状

中国是地球上生物多样性最丰富的国家之一，是北半球国家中生物多样性最高的。麦克利尼（McNeely，1990）根据一个国家的脊椎动物、昆虫中的凤蝶科和高等植物种类数评定出12个"巨大多样性国家"，他们是墨西哥、哥伦比亚、厄瓜多尔、秘鲁、巴西、扎伊尔、马达加斯加、中国、印度、马来西亚、印度尼西亚和澳大利亚。这些国家合在一起占有上述类群中世界物种多样性的70%。这也就是按生物多样性中国被排在第8位的由来。

中国幅员辽阔，气候复杂多样，地貌类型齐全，形成了类型多样的生态系统，包括森林、草原、荒漠、冻原、高山高原、湿地、海洋与淡水等生态系统，多样化的生态系统孕育了丰富的物种多样性。因此，中国生物多样性在世界上占有重要的位置，不仅物种数量多，而且特有程度高，生物区系起源古老、成分复杂，并拥有大量的珍稀孑遗物种。中国有7 000年的农业历史，造就了多种多样的农田生态系统，在长期自然和人工选择作用下，适应形形色色的耕作制度和自然条件，孕育了异常丰富的农作物和驯养动物种类和品系。

（1）生态系统多样性现状：按照《中国生物多样性保护行动计划》中植被区划，中国生态系统多达595个类型，此外，还有淡水和海洋生态系统类型。

① 森林生态系统。中国的森林生态系统有寒温带针叶林、温带针阔混交林、暖温带落叶阔叶林、亚热带常绿阔叶林、热带季雨林与雨林等五大类型。初步统计，以乔木的优势种、共优种或特征种为标志的类型有212类。这些系统生产力高，物种丰富。中国热带森林面积仅占国土面积的0.5%，却拥有全国物种总数的25%，而其中植物种类占全国总数的15%，动物种类占全国总数的27%，同时也是大熊猫、亚洲象、叶猴和长臂猿等国家一级重点保护动物的产地。

② 草原生态系统。中国的草原包括温带草原、高寒草原和荒漠区山地

草原等类型,温带草原又分成草甸草原、典型草原和荒漠草原。中国的草甸草原又分为典型草甸(27类)、盐生草甸(20类)、沼泽化草甸(9类)、高寒草甸(21类)。

③ 荒漠生态系统。中国的荒漠分成小乔木荒漠、灌木荒漠、半灌木与小半灌木荒漠及高寒区垫状小半灌木荒漠4个类型52类。

④ 农田生态系统。中国农业历史悠久,又是农业大国。但近30年来耕地年年剧减,据2006年度有关部门调查报告,中国耕地总面积占国土面积约13%,主要分布在东部季风区的平原及低缓丘陵区。南方的耕地以水田为主,北方的则以旱地为主。农田生态系统类型复杂,有旱田、水田、果园、桑园、茶园、橡胶园等,还有林木、果树与作物间作构成的多种农林复合生态系统等。

⑤ 湿地生态系统。据国家林业局(2007)资料,中国湿地分为5类28型。近海及海岸湿地类,包括浅海水域、潮下水生层、珊瑚礁、岩石性海岸、潮间沙石海滩、潮间淤泥海滩、潮间咸水沼泽、红树林沼泽、海岸性咸水湖、海岸性淡水湖、河口水域、三角洲湿地共12型。河流湿地类,包括永久性河流、季节性或间歇性河流、泛洪平原湿地共3型。湖泊湿地类,包括永久性淡水湖、季节性淡水湖、永久性咸水湖、季节性咸水湖共4型。据调查,大于1平方千米的天然湖泊2 800多个,总面积约8万平方千米,其中淡水湖泊面积为3.6万平方千米。沼泽湿地类包括藓类沼泽、草本沼泽、沼泽化草甸、灌丛沼泽、森林沼泽、内陆盐沼、地热湿地、淡水泉或绿洲湿地共8型。多种类型人工湿地。

⑥ 海洋生态系统。邻近中国大陆的海洋有渤海、黄海、东海和南海,总面积为473万平方千米。渤海是深入大陆的一个内海,生物类群以广温性低盐种为主;黄海处于北温带,来自寒带、亚寒带、热带和亚热带的生物种群与本地土生种汇在一起,构成独特的生物群系;东海属于亚热带海洋,生物生态类型以近岸性暖温种类为主;南海属热带、亚热带海洋,除大陆架区外,还有面积约占30%的深海区,呈现大海洋生态系统的特点。在中国近海区域,黑潮流域(局部)、河口水域和上升流区特殊的海洋生物群落,增加了海洋生态系统的多样性。

(2)物种多样性现状:据统计,中国已记录的主要生物类群的物种总数

有 8.8 万余种(表 12-2),其中不包括至今仍然不甚了解的土壤生物和尚未认识的数以十万计的昆虫。

表 12-2 　　　　　中国与世界主要生物类群已知种数的比较

分类群	中国已知种数(SC)	世界已知种数(SW)	SC/SW(%)
哺乳类	510	4 200	12.1
鸟类	1 186	9 040	13.1
爬行类	376	6 500	5.8
两栖类	284	4 200	6.8
鱼类	3 264	21 400	15.3
昆虫	40 000	751 000	5.3
苔藓	2 200	16 600	13.3
蕨类	2 600	12 000	21.7
裸子植物	236	786	30.0
被子植物	28 000	220 000	12.7
真菌	8 000	69 000	11.6
藻类	5 000	40 000	12.5
细菌	5 003 000		16.7

由表 12-2 可见,中国是世界上裸子植物物种资源最丰富的国家,其物种数占世界的接近 1/3,许多种类是北半球其他地区早已灭绝的古残遗种或孑遗种,并常为特有单型属或少型属。

中国具有连续完整的热带、亚热带、温带和寒带地域及其气候,生境复杂多样,植被类型众多,植物区系包含有大量的特有种,这使中国成为北半球植物多样性最丰富的国家和世界重要的植物物种保存中心。但中国植物多样性的分布很不均匀,主要集中在中南部,包括横断山脉地区、华中地区和岭南地区等植物多样性热点地区,其中横断山脉地区尤为突出。

中国海域已记录的海洋生物物种超过 1.3 万种,包括种类繁多的海洋无脊椎动物、海洋鱼类、海蛇、海龟、海鸟和鲸类、海豚、鳍足类、海牛类等多种海兽,多样性相当可观,约占世界海洋生物多样性的 1/4。在较高级的分类阶元上,海洋生态系统拥有比陆地生态系统更多的生物门类。再者,海洋生态系统的滤食性动物,特别是浮游动物构成了陆地生态系统所没有的特有水生食物链的环节。

在中国几千年的农牧业发展过程中,培育和驯化了大量经济性状优良的作物、果树、家禽、家畜及其数以万计的品种。据粗略统计,起源于中国的栽培物种达 237 种,品种约达 3 万种,历代引进作物种类有 100 多种,当前中国栽培作物种类共 600 多种,居世界首位。原产中国的家畜、家禽品种或类群有 200 多个,目前饲养的畜禽品种和类群共 596 个。药用植物 500 余种,花卉数千种。但就某些类群而言,目前其种类还远远没有调查清楚,新的分类群和新记录还在不断地发表。以昆虫为例,目前中国已定名发表的约 4 万种,估计至少还有 70%的昆虫物种有待进一步发现和定名。又如,中国近年来新发现或重新发现的爬行类温泉蛇、两栖类新疆鲵以及鸟类中认为早已绝迹的朱鹮等,说明相对认识比较清楚的大型动物类型中,也仍然不断发现新的物种。

有关微生物物种多样性,就全球而言,至今还知之甚少。中国微生物多样性研究差距更大。而日常人们感觉微生物多样性却是"无孔不入""无处不有",即便在极地、高山、荒漠、深海还是高温、高压、高盐、高碱、高酸度、低温等极端环境中,都有微生物生活着、繁衍着。它们特殊的生理功能与适应能力必然有特殊基因在操控。

(3) 遗传多样性现状:随着分子生物学和生物技术的发展,遗传多样性的研究越来越受到各国政府和公众的重视。中国遗传多样性研究起步较晚,遗传多样性基础研究长期得不到应有的重视,缺少群体遗传结构的系统数据,取样保存的技术和效率有待提高,农林业因种质问题常造成巨额经济损失,对珍稀濒危物种的保护也因为不掌握群体的遗传结构而难以采取有效措施。上世纪 90 年代以来,中国科学院组织实施了"生物多样性保护与持续利用的生物学基础"等重大项目,许多研究机构和高等院校也参与研究,经过多方面研究成果的积累,逐渐对中国遗传多样性现状有了明确的了解。

中国具有极为丰富的物种,而任何物种都具有其独特的基因库和遗传结构,物种的多样性也就显示了基因的多样性,据此可以认为中国是世界上遗传多样性最为丰富的国家之一。

① 野生生物遗传多样性。中国丰富多样的野生动物、植物和微生物是极其珍贵的遗传多样性宝库,正是遗传多样性为中国的物种多样性的形成奠定了基础,并通过丰富的物种多样性形成了各种不同类型的生态系统。由于中国有众多的特有物种,因此,中国的遗传多样性具有极为特殊的重要性。例如,中国学者以 20 种内切酶研究了来自云南、贵州等 20 个省区以及缅甸、越南共 36 只猕猴的 mtDNA(线粒体基因组)多态性和亚种分化的关系,共检测出 23 种限制性类型,其中海南、华北、川西、滇西北各为独立的类群,福建和广西猕猴属同一类群。

② 栽培植物遗传多样性。中国是古老的农业国,通过长期自然选择和人工选择,形成了各种作物异常丰富的遗传资源。据统计,600 多种栽培作物中,有 237 种起源于中国,中国是世界作物的重要起源中心之一。中国不仅每种作物有许多品种,而且不少作物的野生种或野生近缘种属于特有。中国是水稻的起源地之一,全国约有水稻品种 5 万个,还有 3 种野生稻。大豆起源于中国,中国有大豆品种 2 万个,同时野生大豆分布也很广,这在世界上是独一无二的。中国常用蔬菜 80 余种,品种约 2 万个,其中许多是中国特有。中国常见的果树有 30 余种,品种上万个。

③ 饲养动物遗传多样性。历史悠久的中国畜牧业形成了驯养物种与品种丰富的特点,包括家畜家禽特有种和品种、特种经济动物、有特别经济价值和性能的野生动物及家养和野外放养的经济昆虫等。全国近 600 个品种及生态型的家畜、家禽是宝贵的基因资源。有许多地方品种具有优良的生产性能,有的繁殖率极高,已成为动物遗传多样性资源宝库的重要组成部分。如山东菏泽市的小尾寒羊单次产羔率在 270% 以上,成年的太湖母猪平均单次产仔 15 头以上,福建金定鸭和浙江绍兴鸭年产蛋 260~300 枚,蛋重 60 克以上,等等。

④ 水产养殖类遗传多样性。中国淡水养鱼业历史悠久,主要淡水养殖鱼类约有 24 种,其中以青、草、鲢、鳙"四大家鱼"养殖最普遍。海水养殖对象主要是鱼类、虾蟹类、贝类、藻类以及海参等。养殖鱼类有梭鱼、鲻鱼、罗非鱼、真鲷、黑鲷、石斑鱼、鲈鱼、大黄鱼、美国红鱼、牙鲆、大菱鲆等;虾类有中国对虾、斑节对虾、长毛对虾、墨吉对虾、日本对虾和南美白对虾等;蟹类有

锯缘青蟹、三疣梭子蟹等;贝类有贻贝、扇贝、牡蛎、泥蚶、毛蚶、缢蛏、文蛤、杂色蛤仔和鲍鱼等;藻类有海带、紫菜、裙带菜、石花菜、江蓠和麒麟菜等。中国水产养殖种类众多,自然水域中水产物种比较丰富,这些均属宝贵的水产物种遗传资源。

中国生物多样性的特点

(1) 物种多样性高度丰富:中国生物多样性在世界上占有重要地位。全国有高等植物 3 万种,仅次于马来西亚(约 4.5 万种)和巴西(约有 4 万种),居世界第三位。其中,中国拥有苔藓植物 106 科,占世界科数的 70%;蕨类植物 52 科 2 600 种,占世界科数的 80% 和种数的 26%;全世界裸子植物 12 科 71 属 786 种,中国就有 11 科 34 属 236 种;中国被子植物分别占世界科、属的 54% 和 24%。

中国是世界上野生动物资源最丰富的国家之一。中国陆栖脊椎动物约有 2 356 种,约占世界陆栖脊椎动物总种数的 10%;中国鸟类占世界鸟类总种数的 13% 多;世界有雉类 276 种,中国就多达 56 种,全球有鹤类 15 种,中国就有 9 种;灵长类动物在欧美一些国家完全没有,中国至少有 16 种。在 40 多个海洋生物门类中,中国海几乎都有其组成种类,且所占比例很大。

中国的大田作物、经济作物和果树在世界上也占据极其重要的地位。中国是世界上 8 个作物起源中心之一,世界上 600 多种栽培作物中有 200 多种起源于中国。中国的谷类作物物种及其变种居世界第二位。

(2) 物种的特有性高:中国辽阔的国土,古老的地质历史,多样的地貌、气候和土壤条件,形成了复杂多样的生境,加之受第四纪冰川的影响较小,为特有类群的发展和保存创造了优越条件,因此境内存在大量中国独有、外国绝无的特有种。

中国特有或主要分布在中国的动物种如大熊猫、金丝猴、麋鹿、白鳍豚、白唇鹿、毛冠鹿、羚牛、野马、普氏原羚及青藏高原特有的藏羚羊等,中国产 56 种雉鸡类中,黄腹角雉、绿尾虹雉、藏马鸡、褐马鸡、蓝鹇、白冠长尾雉、白颈长尾雉、黑长尾雉、红腹锦鸡、白腹锦鸡等 19 种是中国特有鸟类。中国的许多特有动物属世界珍稀动物。

中国种子植物有 7 个特有科,即银杏科、杜仲科、水青树科、独叶草科、芒苞草科、伯乐树科和大血藤科;有 243 个特有属,其中古特有属占有很大的比例,分布地主要有川东—鄂西、川西—滇西北和滇东南—桂西三大特有中心;中国特有植物种估计万种以上。裸子植物中代表性特有种有银杏、攀枝花苏铁、银杉、金钱松. 百山祖冷杉、华北落叶松、华山松、白皮松、黄山松、水杉、水松、台湾杉、白豆杉、红豆杉等。被子植物中特有种更多,如杜仲、珙桐、伯乐树、独叶草、芒苞草、喜树、长喙兰、蜡梅、猪血木等。

中国特有种的分布特点是往往局限在特定生境中,如大熊猫仅分布在四川、陕西、甘肃部分地区的山地森林中,水杉仅分布于四川石柱县、湖北利川县及湖南北部龙山、桑植等地。

物种特有程度高是复杂的生物区系历史和多样的生态地理条件作用的结果,众多的特有物种使得中国在世界物种多样性中占有十分重要的地位。

(3)生物区系起源古老:中国各地不同程度保存有白垩纪、第三纪的古老、残遗成分。如松、杉类出现于晚古生代,全世界现存 7 个科,中国有 6 个科。被子植物中有许多古老原始的科、属,如山茶科、樟科、八角茴香科、五味子科、腊梅科、昆栏树科及水青树科、伯乐树科以及木兰科的鹅掌楸属、木兰属、木莲属、含笑属等,都是第三纪的孑遗植物。珙桐是世界著名珍稀孑遗植物,因开花时花序像鸽子头,苞片像鸽身和翅膀,俗称"鸽子树"。落叶乔木水青树既是特有种,也属第三纪古老孑遗珍稀植物,同时为单种属植物。中国高等植物属中单型属占三分之一以上,而特有属中单型属和少型属则占到 90% 以上。多单型属和少型属也反映了生物区系的古老性。中国陆栖脊椎动物区系的起源也可追溯至第三纪上新世的三趾马动物区系。大熊猫、白鳍豚、扬子鳄等都是古老孑遗物种。海洋生物区系也起源古老,在中国海域保存有一些古老的孑遗物种,如有活化石之称的鲎和鹦鹉螺等。

(4)经济种类异常丰富:据初步统计,中国重要的野生经济植物有 3 000 多种,包括纤维类、淀粉原料,蛋白质原料,油脂、芳香油、药用、杀虫、树脂树胶、橡胶、鞣料及用材、观赏等多种植物。经济动物包括毛皮、羽绒、肉食、药用、科研教学用、观赏动物等。此外尚有数以百计的野生食用菌、药用菌等。

各种经济动植物的野生近缘种数量更是繁多。

中国生物多样性受威胁现状

中国生物多样性的丰富程度在北半球首屈一指,然而中国也是生物多样性受到严重威胁的国家之一。长期人为破坏活动使生态系统不断劣化和毁坏,这已成为中国目前最严重的环境问题之一。生态遭受破坏主要表现为森林减少、草原退化、农田土地沙化和盐碱化、水土流失、沿海地区水质恶化、赤潮发生频繁、物种灭绝加剧、遗传多样性减少、经济生物资源锐减和自然灾害加剧等方面。虽然目前中国生物多样性保护的呼声日益高涨,有关部门也采取了一些保护和管理措施,但生态环境退化的局面还没有得到根本遏制,各种开发的人为破坏仍在继续,物种生存面临着严重威胁,外来入侵物种危害日趋严重,生物遗传资源丧失问题依然十分突出。

(1)生态系统受威胁现状:中国十大陆地生态系统无一例外地出现退化,就连青藏高原生态系统也不能幸免。

① 森林生态系统受威胁现状。中国原始森林长期受到砍伐、开荒等人为活动的影响,两千年前的中国,森林覆盖率达 50%,而今天不足国土的 14%,;全国山地丘陵有 2/3 以上为裸地;天然森林几乎荡然无存,其他森林也呈岛屿状分散在大面积退化环境中,连绵几十平方千米的天然林已极罕见。据 1998 年联合国粮农组织公布的《世界森林资源评估报告》,中国森林面积为 1.34 亿公顷,占世界森林总面积的 3.9%。中国人均森林面积列世界第 119 位。近年来,中国森林覆盖率呈增长趋势,但主要是人工林面积的增长,作为生物多样性资源宝库的天然林在减少,残存的天然林也大多处于退化状态。例如海南岛天然林覆盖率 1956 年为 25.7%,1979 年进一步锐减到 11.2%,1987 年再减至 7.2%,到 2000 年仅剩 4%左右。亚热带地区的常绿阔叶林已被大面积砍伐,由人工杉木林和马尾松林所取代,人工林中物种急剧减少,原有的森林动植物灭绝或濒于灭绝。中国目前查明的濒危和灭绝物种绝大多数属于森林生态系统,它们的分布区随森林缩减而逐步萎缩,种群数量急剧下降。

② 草原生态系统受威胁现状。占我国国土面积 1/3 左右的草原生态系

统,近 30 年来产草量已下降 1/3～1/2,尤其是北方半干旱地区的草场产草量本就不高,不合理地开发利用、过度放牧和盲目开垦及鼠害虫灾等影响,草场退化日益严重,全国 90％的草地不同程度地退化,草原生态系统面临严重衰退的局面。草原遭到毁坏,风沙更加肆虐,致使沙漠化进程加快,沙漠面积大幅度增加。以内蒙古阿拉善地区为例,200 多年前,那里曾有流水不息的居延海和水草丰美的绿洲,然而长期土地沙化作用下,大范围已经变成了戈壁荒漠。近年,阿拉善荒漠化土地面积由 1996 年的 92.71％上升到 2004 年的 93.14％,每增加 0.1 个百分点,意味着将增加 200 多平方千米的劣质土地。乱挖滥采资源植物,使草原中广泛分布的野生中药材如麻黄、甘草等数量日趋减少,有些种类濒于灭绝。偷捕残杀黄羊、雀鹰、鸢等,致使其沦为稀有种或偶见种。相反,由于生物群落中天敌数量的减少,害鼠如沙鼠、跳鼠、田鼠、黄鼠等及蝗虫种群数量时有爆发,对草场造成更加严重的危害。

新疆塔里木河下游、青海柴达木盆地东南部、河北坝上和西藏那曲等地区,沙化土地年均扩展率达 4％以上,由于风沙紧逼,致使成千上万农牧民被迫搬迁,成为"生态难民"。

③ 荒漠生态系统受威胁现状。中国西北荒漠部分环境已受到严重破坏,生物资源遭惨烈摧残,难能可贵的荒漠生物多样性在急剧减少。以胡杨为例:当地人都知道,胡杨是干旱荒漠地区的宝贝,它能够生活百年不死,死后能挺立百年而不倒,倒后还能经百年而不腐,胡杨的叶子可饲喂牲畜,树干用于建筑、制作家具,更重要的是它们有固土抗沙的无可代替的生态价值。由于人们掠夺式的樵采,塔里木盆地 53 万公顷胡杨林十几年内面积减少一半以上;新疆原有 400 万公顷柽柳灌丛也大半被砍。中国荒漠化土地每年以 2 000 公顷的速度在增加。过度猎捕及栖息地的破坏,使不少生活在荒漠地区的珍稀动物濒危或灭绝。例如那里的高鼻羚羊于上世纪 50 年代即已绝迹,野马上世纪 60 年代初野外不见,新疆虎早在上世纪初即已灭绝。

④ 湿地生态系统受威胁现状。在人类无限制活动影响下,湿地不断地遭围垦、污染和淤积,面积日益缩小。据估计,中国有 40％的重要湿地受到中等和严重威胁,而且随着人口增长和无序开发,湿地正以前所未有的速度遭受破坏,许多湿地的面貌、景观、物种逐渐在消失,有的已完全丧失了湿地

的生态功能。上世纪 50～70 年代的围湖、围海造田,使长江中下游地区丧失湖泊 1.2 万公顷,中国最大的两个淡水湖洞庭湖和鄱阳湖因农业开发缩小了 1/3,湖北最大的淡水湖洪湖缩小了 24％。被誉为"千湖之省"的湖北省,湖泊总量已从新中国成立初期的 1 066 个减少到目前的 309 个,面积也缩减一大半。

环境污染对湿地的影响正随着工业化进程而迅速增大。全国湖泊有 2/3 受到不同程度的富营养化污染,水质恶化,破坏了湿地生物多样性。专家分析,目前中国天然湖泊和水库由于水体污染造成的损失远高于淡水渔业的收入。

⑤ 海洋生态系统受威胁现状。近 20 多年来,随着海洋捕捞船只和马力数不断增大导致的过度捕捞,使中国沿岸和近海渔业资源受到严重影响,尤以素称中国海洋四大渔业的"大黄鱼、小黄鱼、带鱼和乌贼"受威胁最大,产量大幅度下降。海洋受到无机氮、磷酸盐、油类以及汞、铅等的污染,致使海水富营养化,诱发赤潮频繁发生,鱼、虾、贝类大量死亡,严重污染区甚至生命绝迹。许多海洋工程的兴建破坏了生物栖境和生态系统。沿海围海造地、开垦滩涂使野生物种的生境大面积丧失;几十年来的大面积围垦毁林,使红树林遭到严重破坏,目前仅剩红树林 2 万公顷,且部分已退化为半红树林和次生疏林。我国沿岸珊瑚礁资源以海南岛海岸分布最广,近十多年来,由于当地居民采礁烧制石灰、制作工艺品等,导致海南岛沿岸 80％的珊瑚礁资源被破坏,有些岸段濒临绝迹。中国红树林主要分布在福建沿海以南,历史上最大面积达 25 万公顷,现在仅剩 6％。对红树林的最大危害可能是水产养殖业的发展,红树林变成水产养殖塘,引起了排水方式、营养供应和潮汐频率的变化,这对红树林区的动植物带来不利影响。筑坝拦水改变河流走向的活动,会减少红树林的淡水供应,从而遏制其生长,那些依靠红树林生活的鱼类和其他动物的数量也会随之减少,更耐盐的物种将取而代之。

（2）物种及遗传多样性受威胁现状:虽然中国具有高度丰富的物种多样性,但许多物种变成濒危种和受威胁种已是不争的事实。高等植物濒危或临近濒危的物种数估计已达 4 000～5 000 种,占中国高等植物总种数的 15％～20％,约有 200 种植物已经灭绝。群落生态学研究表明,1 种植物与

10～30种其他生物(如动物、真菌)共存,1种植物灭绝就会引起多种其他生物的丧失。在濒危野生动植物种国际贸易公约(即华盛顿公约,简称CITES)列出的640个世界性濒危物种中,中国占了156种。从区域上看,温带地区估计有10%的植物正处于濒危或临近濒危,热带与亚热带地区的濒危数量还高得多。

中国目前约有398种脊椎动物濒危,占全国脊椎动物总数的7.1%左右。境内原有的犀牛、麋鹿(四不像)、新疆虎、高鼻羚羊、白臀叶猴以及崖柏、雁荡润楠、喜雨草、耳坠苔等已经灭绝。濒危的物种有朱鹮、东北虎、华南虎、云豹、大熊猫、多种叶猴类、多种长臂猿、儒艮、坡鹿、白鳍豚和百山祖冷杉、华盖木、普陀鹅耳枥、无喙兰、双蕊兰、海南苏铁、西双版纳粗榧、姜状三七、人参、天麻等。长江的"三鲟"(中华鲟、达氏鲟、白鲟)和江豚、白豚沦为稀有濒危种,鲥鱼、鳜鱼、银鱼等经济鱼类变得十分稀少,海产对虾、海蟹、带鱼、大黄鱼、小黄鱼等主要经济鱼类的可捕捞量也不断缩减。大量的水生生物处于濒危或受威胁境地。

中国的栽培植物遗传资源正面临严重威胁,许多传统的名贵品种正在绝迹,如1964年云南省发现两种野生稻计24处,但由于开垦农田和种植橡胶树,至80年代末只剩1处。山东省黄河三角洲和黑龙江三江平原,过去遍地生长野大豆,现在只在少数地区有零星分布。1959年上海郊区有蔬菜品种318个,到1991年只剩178个,丢失了44.8%。动物遗传资源受威胁的现状也很严重。如优良的九斤黄鸡、定县猪已经灭绝,特有的海南峰牛、上海荡脚牛也很难觅见。遗传基因的丧失,其后果是无法估量的。

生物种内遗传多样性的丧失情况也相当严重。栖息地缩小导致野生生物种内遗传多样性严重丧失,使野生物种对疾病、气候变化、栖息地改变、杂交等的抵抗力降低。栖息地的片断化致使种群间遗传物质交流中断,导致种内不断近亲交配,最终种群遗传纯化而丧失多样性。由于人为控制遗传育种,驯化物种的品系及品种多样性也相对减少,遗传多样性因而降低。许多地方品种正被进口品种代替。畜禽和作物的很多重要野生亲缘种,如野生水稻、野绵羊、野山羊、野牦牛等,也正遭到灭绝的严重威胁。许多农学家认为,驯化物种遗传多样性的丧失比生物种的丧失对人类生存的威胁更大。

生物多样性受危原因

（1）人为直接致危：人类造成生物多样性危机可能是直接的，也可能是间接的。人类直接造成生物多样性危机包括狩猎、捕捞、采集和残害等。据国外资料，自 17 世纪以来地球上灭绝的脊椎动物至少有 1/6 是由于狩猎、捕捞和残害造成的。在澳大利亚和北美洲，体重超过 44 千克的大型动物已有 74%～86% 因人类狩猎而灭绝。特别工业化以后，很多地区专注于生物资源的实用价值而肆意开发，忽视了生物多样性间接的和潜在的价值，生物资源持续生产的极限被突破，生物多样性在各个层面上被极度削减，人们没有意识到地球的生命维持系统正在遭到蚕食。

例如，北美大平原上的美洲野牛，在印第安游牧部族使用石头、矛和箭徒步捕猎时，其被杀数目有限，远不及因大自然中的天敌和严酷气候而死去的数字。但从 19 世纪以来，人们开始有组织地追猎野牛，火药枪发挥了巨大的作用，甚至专门修筑铁路通往野牛群栖息地以猎牛为乐。到 1893 年野牛从原来的 6 000 万头被杀得只剩 1 000 头左右。接近绝种的野牛群这才引起各界的关注。又如偶蹄类麝科动物香獐（又称原麝、林麝），其成体雄麝腹部香囊中的分泌物，为名贵动物药麝香。早先猎人只能"杀麝取香"，而且至少要杀掉 40 头成年雄麝才能生产 1 千克麝香；因在野外确定一只雄麝是否完全成年是有困难的，狩猎者们通常先射杀再求答案，以致更多的麝被杀。同样，藏羚羊、高鼻羚羊等因为它们名贵的毛或角也受到无情的追杀。鲸类、海豚、海狗、海豹、海象等大型海兽以及玳瑁、海龟等，由于经济价值极高，也遭到大量捕杀。

人们为获取野味和宠物利润而进行的猎鸟活动是对鸟类的极大威胁，约 1/3 的濒危鸟类受影响。自 1500 年以来，约有 50 种鸟的灭绝是过度捕猎的后果。1844 年体大如同企鹅的全球最后一对大海雀在北大西洋海岛上死于盗猎者的枪口。鸠鸽类野鸟候鸽的灭绝是一个著名的例子。候鸽曾经是地球上数量最多的鸟类，100 多年前估计尚有 50 亿只，当时候鸽在北美洲可说遮空蔽日，举目皆是。只因它们的肉味佳美，到处遭到滥捕滥杀，捕猎夺去大批候鸽的生命，到了 1900 年最后一只野生候鸽被射杀。这时人们对动物园中仅存的少量候鸽特别加意保护,但保也保不住了,至 1914 年 9 月 1 日动物园中最后一只名叫"玛莎"的候鸽也宣告寿终正寝,这种鸟类终于在地球上完全绝了种。"玛莎"被制成标本放在华盛顿国家博物馆内,提醒人们:一种动物一旦开始大批被杀、消失,衰减率会越来越高,即使人类开始警觉并采取措施也已无法挽回了。全世界 388 种鹦鹉中就有 52 种因资源过度开发而处境危险。海鸟数量快速减少与渔业捕捞有关,它们受诱饵引诱而被捕,每年多钩长线渔业夺去几十万只海鸟的生命。所有的 21 种信天翁现在都濒临灭绝,这是因为人类捕鱼作业侵入了它们的活动范围。

滥捕偷猎是造成物种受威胁的重要原因之一,这在中国也不例外。上世纪 50 年代开始,医药、研究、外贸等部门,加上学校、公园、动物园、博物馆等机构以需要为名,竞相收购猴类,食品加工、食用猴类(以制作猴肉干为大宗)而大量捕捉猕猴,每年有成千上万的猴类被捕、被杀。羚羊、野生鹿及毛皮兽由于过量的狩猎,种群数量大减甚至消失。自上世纪 80 年代以来仅内蒙古地区每年猎杀的黄羊就多达 7 万~8 万头。中国海域主要经济鱼类资源 60 年代就已出现衰退现象,70 年代开始的过度捕捞导致沿海经济鱼类资源持续衰退,大黄鱼、小黄鱼、带鱼、鳓鱼、马鲛鱼、黄姑鱼以及其他经济鱼类资源出现全面衰退;一些重要的经济物种由于过量捕捞致使资源枯竭,无法再形成渔汛。调查表明,许多经济水产资源(鱼、虾、蟹、贝、藻等)都面临过度采捕的威胁。如对羊栖菜、石花菜和麒麟菜等海藻类无计划的采收,致使资源遭到严重破坏,有些已濒临绝迹。石花菜是生长在深水中的一种红藻,是琼胶的主要原料,在长期遭受"断子绝孙"式的连根拔采伐后,资源已难恢复;麒麟菜是生长在珊瑚礁上的一种带性海藻,自然分布仅限于海南岛海域,由于过量采集珊瑚,造成麒麟菜赖以生存的基质受到毁坏。掠夺性捕捞对许多珍稀海洋生物造成巨大破坏,底层拖网、毒鱼或炸鱼等方式不仅给鱼类造成浩劫,而且也毁坏了整个生态系统,严重影响海洋生态环境的稳定。淡水湖泊捕捞过度现象更为严重。过度采挖野生经济植物也是造成生物多样性受威胁的重要原因之一。近几年在内蒙古、新疆、甘肃等地草原上大量挖掘甘草,使其面积急剧减少;人参、天麻、黄芪、砂仁以及发菜、冬虫夏草、灵芝、蒙古口蘑、庐山食耳等,由于长期人工过度采挖,已有灭绝的危险。

过度采捕不仅造成资源数量的减少和资源的小型化,而且对生物遗传多样性也产生很坏的影响。生物资源遗传多样性丧失所带来的后果,轻则会造成在物种水平上群体内遗传变异和种群间遗传差异水平的降低,重则会导致物种的消亡和灭绝。

(2)人为间接致危:动物绝种的原因是多方面的,导致大量物种灭绝的最重要原因在于人为间接致危的结果,包括以下几方面间接致危因素。

① 人口剧增。人类在地球上出现之后,以其高度的智能条件,迅速地在自然界的物种竞争中取得了超乎寻常的优势,特别是进入工业化社会以来,人类对自然资源索取、利用和改造的规模和范围越来越大,人类活动渗透到了地表、地下的各个角落甚至外层空间,几乎所有生物种类的生存环境都受到了人类活动的影响。在人类社会、经济、文化得到迅速发展的同时,也产生了由人类行为带来的巨大环境问题,这些问题甚至有可能危及人类自身以及地球所有生命的存续,因而成为近一个多世纪以来研究者们探讨的一个重要课题。

一万年前全世界人口数量不超过 1 000 万,工业化开始的 1750 年,世界总人口也仅 6.5 亿到 8.5 亿。据联合国人口基金会公布的数字,1960 年达到 30 亿,1975 年达到 40 亿,1987 年上升到 50 亿,1999 年 10 月 12 日,世界人口达到 60 亿。2011 年 10 月 31 日凌晨前 2 分钟,作为全球第 70 亿名人口象征性成员的丹妮卡·卡马乔在菲律宾降生。

人口增加带来对生存空间和食物需求的增长,这使得许多地区变成了农田、人工林、人工草场、村庄、城镇、工厂、道路等;随着全球人口的急剧增长,对自然资源的需求量日益增多。这是物种灭绝的最主要的原因。有很多事例证实,19 世纪和 20 世纪交替时,动物种灭绝速度加快,因人类影响而致绝种的生物种类比自然演化之下的绝种率要高许多。

人类大规模的迁移,在迁入地区自然生态环境和天然植被往往遭到破坏,野生生物遭捕杀,移民及旅行者和国际贸易的增加还将外来物种引入迁入地区,这些物种的引入,特别是家养物种的引入,也危及当地物种的生存。如澳大利亚本土食肉类袋狼,在移民进入后短短 200 多年中受排挤而日益减少,自 1966 年起已不再出现,可能已经绝了种。

自从人类开始种植植物和驯养畜禽,出现了农业和畜牧业以后,人类的生存就越来越依赖于少数几种作物和畜禽,农业机械化的实现,使得少数几种作物和畜禽成为自然史上空前的优势物种,人类的生存活动也逐渐局限于几种单调脆弱的农牧业生态系统,生态系统多样性不断消失。自然已经被人类完全改观和简化,人类生存需求的重担几乎完全压在极其狭窄的生态空间上。

② 生态环境恶化。在人口持续增长、资源逐渐短缺的历史条件下,环境问题必然相伴产生和发展,全球性的人口、资源与环境问题出现于第二次世界大战之后。产业革命带来的工业化发展和人口的迅速增长是促使这一问题日益加剧的根本原因。沉重的人口压力,不仅带来了诸多的社会问题,而且也带来一系列的环境问题如森林砍伐、草地滥垦、土地荒漠化、水土流失、大气和水域及土壤污染等。作为自然生态系统提供给人类和众生万物以生存环境的森林和草地,大规模毁坏除了使生物圈生产力下降、生物多样性减少、可更新资源短缺外,更重要的影响还在于对生态环境的破坏,如土壤有机质含量降低、保水能力下降、水土流失加剧和土地沙漠化等。荒漠化使全球陆地面积的 1/4 受到威胁,100 多个国家和地区受到危害,据联合国粮农组织(FAO)的评估,1980~1995 年间全球森林净损失为 128 亿公顷,其中最严重的是被称为"地球之肺"的热带森林,每年损失 1 700 万公顷。目前世界未开发森林只剩下约 1/5。森林破坏的后果十分严重,森林蕴藏了全球 50% 以上的生物种类,森林的迅速减少是导致生物多样性丧失的重要原因之一。大面积的森林是地球大气中 O_2 和 CO_2 含量的调节器,森林大量消失将使温室效应更为加剧。山地森林对江河的水源起着重要的涵养和调节作用,森林减少导致洪灾频繁。中国上世纪 90 年代几次大洪灾都与江河上游森林大面积遭砍伐破坏有关。科学家认为,新近脊椎动物的灭绝至少有 1/5 归因于生境的破坏。栖息地面积缩小和片断化,导致野生生物种内遗传多样性严重丧失,使野生物种对疾病、气候变化、栖息地改变等的抵抗力降低。栖息地面积缩小到一定程度,环境容纳量低于物种,特别是大中型物种的最低自我稳定种群数量,种群数量不断减少,近亲交配,群体萎缩,最终崩溃灭亡。如在非洲南撒哈拉地区,野生生物栖息地原有面积丧失率高达 65%。热带亚洲的情况更严重,丧失率达 67%;丧失率高达 90% 以上的国家和地区有孟加拉国和香港;达 75% 以上的有印度、越南、斯里兰卡、柬埔寨、菲律宾、巴基

斯坦;中国的野生生物栖息地占国土面积的比例不大,但丧失率也达到 61%。

快速的栖息地丧失,使物种生存受到严重威胁。科学家警告,如果人类消费方式和破坏作用仍不改变,30 年后地球上将有 1/4 物种消失。

局部地区环境污染是造成大批生物种群消失的原因。工业化生产在大量消耗不可更新资源的同时,大量的废水、废气、废渣和废热等被排放到环境中,使水体、大气、土壤和生物等受到不同程度的污染,生态环境遭到严重的破坏。印度兀鹫的数量在不到 10 年中减少了 95%,这是因为许多兀鹫吃了服过药品的牲畜后中毒死亡。欧洲西部农田鸟类的数量在 1980～2003 年间减少了 57%,农业集约化是重要原因之一。除了人们施用的化肥、杀虫剂直接导致许多野生生物死亡外,含有化学物质的径流污染了迁徙水禽所依赖的湿地,使许多鸟类中毒死亡。持久性有毒污染物对许多鸟类和哺乳动物构成了严重威胁。DDT 残留、二恶英、多氯联苯等持久性有机污染物在食物链中积聚,可导致鸟类畸形、不育和疾病。一些内海和内陆湖泊水域面临着生物死亡,有的已经被全部毁灭。

随着全球工业化的加速和能源消耗的上升,数量庞大的人类向大气和水体中排放污染物质有增无减,导致全球性环境问题接踵而至,如温室效应、臭氧层破坏、酸雨及全球氮循环失衡等,这些问题的产生及其严重化强烈威胁着生物多样性,成为全球有识人士共同关心的重点问题。

温室效应:人类活动使各种废气向大气的排放量迅速增加,头号温室气体 CO_2 的含量以每年百万分之 1.5 的速度递增,还包括甲烷(CH_4)、一氧化二氮(N_2O)、氢氟碳($HFCs$)、全氟化碳($PFCs$)和六氟化硫(SF_6)等大量温室气体,阻挡了地球热量的散失,致使地球发生可感觉到的气温升高,全球年平均气温上升了 0.3～0.6℃,这就是"温室效应"。温室气体增加的原因主要是由于人类大量燃烧煤、石油和天然气等燃料产生二氧化碳,以及森林遭到破坏降低了植被吸收二氧化碳的能力所致。最新研究还发现,森林大火可能也是造成温室气体增加的重要原因之一。

在相当一些地区由于气温升高,降水减少,发生持续干旱,使水资源日益紧缺,同时也使许多生物类群由于生境减少或变坏面临灭绝的威胁。

同温层臭氧耗损:大气同温层中的臭氧层,可保护包括人类在内的地球生物免受强紫外线的辐射危害。臭氧每减少 1％,世界将增加 10 万～15 万因患白内障而失明的人;持续减少 10％的臭氧会使黑瘤皮肤癌患者增加 26％。破坏臭氧层的主要污染物是制冷剂氟氯烃(CFC)。1985～1995 年间,北半球冬季臭氧层减少了 8％,在南、北极和青藏高原上空出现了"臭氧空洞",地球保护层受到了逐渐加重的破坏。

酸雨:酸雨是人类燃烧矿物燃料排放的污染物——硫化物(SOx)和氮氧化物(NOx)在大气中和雨、雪中的水分反应后所形成。在酸雨区域内,湖泊酸化,渔业减产,森林衰退,土壤贫瘠,农田遭破坏,作物减产,建筑物腐蚀,文物古迹面目皆非。酸雨危害最早出现在上世纪 60 年代的发达国家,目前发展最快的是包括中国在内的亚洲新兴工业化国家和地区,主要是由于大量燃烧含硫量高的煤炭所造成。

全球氮循环失衡:在过去的几十年中,化肥和矿物燃料的使用量大幅度增加,土地开垦和森林砍伐明显扩展,使可供植物吸收的氮高达 1940 年时的 2 倍以上。氮的过量汇集使氮循环发生紊乱,目前全球的总植物量只能有限地吸收氮素而使其余大量氮素发生沉积。陆地生态系统中氮的饱和会导致土壤中其他营养元素如钙、镁、钾的流失而降低土壤肥力。在施肥最多的草地上,将只有对氮敏感的植物生长,其他种类则消失。受害最严重的是水生生态系统,它们是大部分过量氮素的接收者,过量的氮大大刺激藻类和其他水生植物的生长,从而夺走水中溶解氧,对海洋和淡水渔业造成重大打击。

③ 全球气候变暖。大气由 78％的氮气和 21％的氧气组成,它们对气候调节基本没有直接的作用。在余下 1％的大气中有一小部分气体,包括二氧化碳(CO_2)、甲烷(CH_4)、一氧化二氮(N_2O)、臭氧、水蒸气、卤烃等温室气体,这些气体能够使地球保持一定的温暖。

全球气候变化是指自 1900 年以来地球气候的变化,主要是由于人类活动引起的而非自然的变化。引起气候变化的原因是大气中温室气体的增加,人类活动产生过多温室气体导致全球气候变暖,这已经为人们所公认和接受。

全球气候变化已经发生。全球温度在过去 300 年上升超过了 $0.7℃$。上世纪温度增加了 $0.5℃$。最严重的变暖发生在 1910～1940 年间和 1976

年至今。在最近 1 000 年内，上世纪 90 年代是最温暖的，1998 年是有记录以来全球最温暖的一年，1995 年是 225 年以来炎热天数最多的一年。北半球的冰雪覆盖量自 1960 年减少了大约 10%，山脉冰川在 20 世纪期间明显退缩，北极的冰雪厚度在过去的 40 年间已经丧失了近 40%。

气候变化导致全球海平面在过去 100 年中平均上升了 0.1～0.2 米。20世纪平均每年上升 1～2 毫米，预计 1999～2100 年上升比 20 世纪要高 2～4倍。世界大部分地区降雨明显增加，严重降雨事件发生率增加了 2%～4%。亚洲和非洲过去几十年旱灾的频率和严重程度都一直在增加。

目前已有迹象表明，生物多样性开始对全球气候变化作出反应。与"热"相关的疾病和死亡更有可能发生。由昆虫和啮齿动物携带的传染性疾病会被更广泛地传播到前所未有的地区。如果全球气候变化趋势持续不减退，全球变暖将威胁人类的健康，威胁城市、农场、森林、沙滩和湿地以及其他自然栖居地。

所有的生物都感受到了气候变化的影响。全球变暖使春天提早到来，植物提前开花，动物产卵及卵的孵化在提早，迁徙的鸟类改变它们的旅行日程等。越来越多的研究显示，动植物为了适应气候的变化，正不断地改变着其生活周期和活动日程。许多情况下，这种变迁引起了生态混乱。动植物对全球气候变化的反应包括地理分布、生理生态、生活周期、迁徙习性和栖息地的改变及生存能力降低等。例如，美国部分鸣禽转移其分布区，并提早迁飞；迁徙欧洲的鸟类到达时间推延，以致其产下的后代错过了食料毛虫的生长旺季；坦桑尼亚的蚊子向高海拔地区扩展，随之扩展了疟疾发生范围；蝴蝶是全球变暖最敏感的类群之一，研究发现，生活在北美洲和欧洲的斑蝶，其分布区已经向北推移了 200 多千米，但是植物的迁移滞后于此。气候变暖使不耐霜冻的植物上升到新的海拔高度；英国彩龟后代的性别比例受到 7 月平均温度升高的影响；气候变化最显著的指示物之一的珊瑚礁，发生大规模白化现象而死亡。

这些变化均可能导致生态系统失去平衡。一些脆弱的生态系统如山地草甸、沿海湿地、珊瑚礁和河口三角洲等，可能因气候变暖而消失，进而使人类活动的范围减少，野生生物生长地或栖息地破坏。森林和草原生态系统的建群种或优势种也可能改变，而依靠原有植被支持的动物群随之受威胁。

气候变化将使"新的寄主和寄生虫""捕食者和被捕者"组合到一起。随着全球变暖的推进，许多生态系统面临崩溃，濒危物种比预计的早灭绝。很多野生动植物病原体对温度非常敏感，带菌者和寄生虫的繁殖速度、数量增长大为加快，加上传染期加长等因素的共同作用，增加了疾病的传播率，影响到生物的生存和多样性。

④ 外来生物入侵。外来生物入侵是指对于一个特定的生态系统与栖息环境来说，非本地的生物（包括植物、动物和微生物）通过各种方式，进入此生态系统，并对该生态系统、栖境、物种、人类健康带来威胁的现象。也可以说，生物入侵是指生物由原生存地经自然的或人为的途径侵入到另一个新环境，对入侵地的生物多样性、农林牧渔业生产以及人类健康造成经济损失或生态灾难的过程。

外来生物入侵简称外来种入侵，入侵生物在侵入地的自然或人工生态系统中形成了自我再生能力，给当地的生态系统或景观造成了明显的损害或影响。

外来物种和外来生物入侵两者概念不同。外来物种并非都是有害的，比如我们食用的玉米、小麦、马铃薯、甘薯、番茄等都是从国外引进的，家畜中许多品种也来自其他国家，而园林园艺引进物种的例子更是多不胜数。这里所说的外来入侵生物通常指外来有害物种。

外来生物入侵现状：据有关文献查证，目前已知中国至少有 300 种入侵植物、40 种入侵动物、23 种入侵微生物。与外来入侵动植物相比，我国对外来微生物种类的调查研究仍较少。目前，地球上的生物物种每年以 0.1%～1.1% 的速率在急剧减少，生物多样性的极度锐减，除了人类大规模开垦土地导致自然生境快速丧失外，另一个主要因素就是生物入侵。千百万年来，海洋、山脉、河流和沙漠作为天然屏障，为特有物种和生态系统提供了进化所必需的隔离环境。然而，在短短数百年间，全球各种力量结合在一起，使这些阻隔失去效用，外来物种得以跨越千里，到达新的生境，成为外来入侵种。

例如，克氏原螯虾（又名小龙虾）原产于中南美洲和墨西哥，现全世界各地都有养殖，并形成数量巨大的野外种群。中国在上世纪 30 年代将它作为水产养殖品种从日本引进，现已扩展至安徽、湖南、上海、江苏、山东、香港、台湾等地,形成数量庞大的自然种群。该种常混生在作物田中,不需人工孵化,扩散极快,因其取食作物或天然植物的根系,对植被有灾害性破坏,阻断当地食物链,对当地的鱼类、甲壳类、水生植物极具威胁;其大量挖洞筑穴还会引起灌溉用水的流失与田地毁坏。对克氏原螯虾目前尚无简便有效的防治方法。又如亚洲鲤鱼入侵美国五大湖,在密西西比河,亚洲鲤鱼从本土鱼口中疯狂抢夺食物,被美国官方称之为"最危险的外来鱼种",2012 年 3 月,美国政府宣布,将斥资 5 150 万美元,防止这种入侵鱼类进一步扩散,美国五大湖委员会认为,亚洲鲤鱼的入侵已难完全被控制,最大的希望仅是不要蔓延到更多的河流。

再举几种入侵植物的例子。凤眼莲(又名水葫芦)是一种多年生浮水草本植物,原产于巴西,现已广泛分布于全世界的温暖地区。1901 年中国将它作为花卉从日本引入台湾;上世纪 50 年代作为猪饲料推广后大量逸生野外。该种以无性繁殖为主,具有极强的生存和繁殖能力,在适宜温度下,单株每月可分生 40~50 株。凤眼莲现在长江流域及其以南地区逸生为杂草,大量繁殖可堵塞河道,影响航运、排灌和水产养殖,破坏水生生态系统,威胁本地生物多样性。其植株死亡后沉入水底,构成对水质的二次污染。互花米草有固沙促淤作用,20 年前从美国引进中国,由于缺少天敌,目前已成为整个上海、福建等地海滩的绝对霸主,导致鱼类、贝类因缺乏食物大量死亡,水产养殖业遭受致命创伤,而生物链断裂又直接影响了以小鱼为食的鸟类的生存。紫茎泽兰于上世纪 50 年代初从中缅、中越边境传入中国云南南部,现已广泛分布于中国西南地区,在其发生区总是以满山遍野密集成片的单一优势群落出现,致使原有植物群落衰退和消失,严重威胁到中国生物多样性关键地区之一——西双版纳自然保护区内许多物种的生存和发展。

据统计,美国、印度、南非外来生物入侵造成的损失每年分别高达 1 500 亿美元、1 300 亿美元和 800 亿美元,而这还不包括难以计算的隐性损失,比如外来生物导致本地生物物种的灭绝、生物多样性减少以及由于改变环境景观带来的美学价值的丧失。迄今,著名成功入侵中国的外来有害生物除上述克氏原螯虾、凤眼莲、互花米草外,还有松材线虫、松粉蚧、美国白蛾、松干蚧等森林害虫,都是臭名昭著的入侵"外来客",后者严重发生并危害的森林面积每年达 150 万公顷;稻象甲、美洲斑潜蝇、马铃薯甲虫等农业入侵害虫,每年严重发生的面积达到 160 万公顷。中国每年由外来有害种造成的农林经济损失达 574 亿元,仅防治美洲斑潜蝇一项的费用就需 4 亿~5 亿元,每年打捞水葫芦的费用需 5 亿~10 亿元。

外来生物入侵在本国跨地区间也有发生。云南省本是中国鱼类最为丰富的省份之一,然而从上世纪 60 年代起,人们出于产业经济的目的,在 1963~1970 年和 1982~1983 年间两次大规模地移殖和引进外地鱼类。第一次引进"四大家鱼"等经济鱼类,并带进麦穗鱼等非经济性鱼类;第二次把太湖新银鱼等引进滇池、星云湖等地。引进这些危险的"外来客",生态后果极为严重,云南原有 432 种土著鱼类,近年来一直未采集到标本的约有 130 种之多;另有 150 种常见鱼类现已衰落成偶见种;其余鱼类的种群数量也明显减少。外来入侵鱼类是导致土著鱼类种群数量急剧下降的最大因素。滇池蝾螈的灭绝也与引入外来种有密切关系。

为什么外来种引起入侵? 生态系统是经过长期进化形成的,系统中的物种经过上百年、上千年的竞争、排斥、适应和互利互助,才形成了现在相互依赖又互相制约的密切关系。一个外来物种引入后,有可能因不能适应新环境而被排斥在系统之外,必须要有人的帮助才能勉强生存;也有可能因新的环境中没有相抗衡或制约它的生物,这个引进种可能成为真正的入侵者,改变、破坏当地的生态环境。

外来生物入侵途径:外来生物入侵途径包括有意引进、无意引进和自然入侵几方面。入侵中国的植物中,大多是作为牧草、饲料、蔬菜、观赏植物、药用植物、绿化植物等有意引进的,主要目的是为发展经济和保护生态环境。植物引种为我国的农林业等多种产业的发展起到了重要的促进作用,但人为引种也导致了一些严重的生态学后果。根据资料统计,由原产世界各地引种到中国来的植物已有近千种,

近几十年来,随着对外经济和科技交流的日益扩大,外来入境植物(包括杂草)数量大为增加,但由于人力缺乏及后续工作难度大,加上人们对引入植物后产生的利弊看法不一,因此,到目前为止,很难得出有多少人为引种植物属于有害植物的准确数据。需要指出的是,人们的一些不科学的做法,加剧了外来种的入侵。例如有人认为"外来的就比本土的好",不加分析地盲目引种。如目前草坪引种、退耕还林还草工作中,大量引入外来草

种,不注意充分利用本地种,很可能导致入侵种类增加,引发其他生态后遗症。

更多外来入侵生物是随着人类活动而无意传入的,它们作为"偷渡者"或者"搭便车"侵入到新的环境中。麻疹、天花、鼠疫以及艾滋病都成为入侵病。三裂叶豚草花粉是引起人体过敏性症状——"枯草热"的主要病原。疯牛病、口蹄疫、禽流感等令人望而生畏的禽、畜甚至人类的恶性传染病,也都是入侵微生物惹的祸。在全球一体化的进程中,人类面临越来越严重的外来生物入侵的局面,有害生物入侵对人类社会的危害,不亚于细胞癌变对人体的危害。

外来入侵种还可通过风力、水流自然传入,鸟类等动物可能传播杂草种子。例如,原产于中南美洲的紫茎泽兰据信是从中缅、中越边境自然扩散入中国的,它是一种生命力极强的多年生草本或亚灌木,是植物界里的"杀手",所到之处几乎寸草不生,不但和农作物争水争地争阳光,而且对水利设施造成严重危害,牲畜误吃引起中毒。原产中美洲的薇甘菊,可能是通过气流从东南亚传入中国广东的;稻水象甲也可能是借助气流迁飞到中国大陆的。

外来生物入侵的后果:随着全球化、商业和旅游业的增长,人类有意或无意地为物种传播提供了前所未有的机会。外来有害生物侵入适宜生长的新区后,其种群会迅速繁殖,并逐渐发展成为当地新的"优势种",严重破坏当地的生态安全。外来入侵种不仅威胁本地的生物多样性,引起物种的消失与灭绝,而且瓦解生态系统的功能,降低人们基本生命支持系统的健康水平,外来物种入侵会因其可能携带的病原微生物而对其他生物的生存甚至对人类健康构成直接威胁。受入侵物种影响的国家和地区将付出巨大的生态和经济代价。入侵物种形成广泛的生物污染,危及土著群落的生物多样性并影响农业生产,造成巨大的经济损失。近年来,为防止水土流失,治沙固沙及重建生态系统而开展了大规模的退耕还林工程,有的地区过度盲目地引进了大量生长期短,易于管理,更能适应环境的外来物种。然而,人们未能意识到,不科学的盲目引进是要付出代价的,侵入种正在逐渐排挤、取代当地物种,并且不断扩大到自然和半自然地区,并影响到那里生态系统的类型和功能,进而引起当地居民、自然资源保护者、水源管理者和其他相关人员的矛盾。外来种入侵明显加速了生境丧失和物种灭绝的速率,对生态系统构成了严重的威胁,这种破坏是长期的、持久的,也是难以恢复的。

⑤ 现代科学技术的负面作用。现代科学技术与生物多样性的关系具有双重性,一方面人类可以应用现代科学技术保护生物多样性,但也要看到,现代科学技术具有对生物多样性不利和破坏的另一面。随着近代科技的兴起,人类改变地球的范围和本质已经发生根本的变化,人类开发自然的能力迅速增大,并达到前所未有的强度,人类控制、改变了大部分生态系统,给子孙后代留下了一个千疮百孔的地球。

地球生物多样性所受到的挑战主要来自工业化时代。总体看来,生物多样性的减少同工业时代的崛起之间存在着某种正相关。作为工业化和市场化的产物,商品的制造和生产对资源和能源的大量消耗,直接威胁到生物多样性的维持系统;大量商品消费所造成的环境后果,也对生物多样性构成严重危害。而且工业生产的"标准化"隐含着模式化的要求,它与多样性正好是矛盾的。

工业的发展使人类步入了文明社会,但也使人类付出了污染自身生存环境的代价。氯氟烃类物质的生产技术开创了制冷工业,但氟利昂却是耗竭大气臭氧层的元凶。燃煤工业的发展不仅消耗了不可再生的矿产资源,而且导致"温室效应",使物种分布格局发生有害的变动;大气中 SO_2 增加造成的酸雨使大片森林毁灭和水生生物致死;工业来源的许多重金属化合物和其他有毒物质的释放,毒害了陆地、淡水和近海的生物群落。伴随农药的大量施用,农田生态系统中的大量有益昆虫、土壤微生物以及杂草的生存受到威胁,并通过径流而污染河道,使湿地和浅海的生态失去平衡。化肥的过量施用则导致土壤板结、盐碱化及有机质丧失,引起土壤质量下降。大型机械是现代新技术的杰作,可在几小时内伐掉成片的森林或开垦大面积的草原,或在短期内筑成一座大坝,但同时也对许多珍稀濒危的生物造成生态灾难。

远洋渔业技术的发展使海洋污染日益严重,估计每年被弃海网具缠死的鲸、海豚、海豹等数以十万计,因吞食漂浮塑料块而致死的鸟类达 100 万～200 万只。随着各种机械的不断更新,人类以史无前例的规模消耗着地球资源,造成森林过度采伐、地下水过度开采、渔产过度捕捞。同时各种先进的运输工具和信息媒体被广泛运用到动植物活体和产品的开采和装运上,以及应用最新技术发现的一些生物资源的新用途使许多动植物遭受了灭顶之灾。

交通工具的现代化将人类的开发活动遍及全世界的每个角落,大批荒野土地遭到开垦,使生境退化与破碎,同时也造成了严重的气体、水域和噪声污染。

标志尖端科学的核试验技术不仅使试验区域的生物难以生存,而且使那里的生态系统遭到不可恢复的破坏。

人类利用先进的遗传育种技术培育出许多高产优良新品种,实现农业的"绿色革命"。然而,过分追求高产、优质导致品种单一化,人类的生存越来越依赖于少数几种作物和畜禽,致使许多具有某方面优良性状的品种资源丧失,极大地削弱了遗传多样性。"克隆"技术的出现,可能导致基因在复制过程中将个体自身的缺陷放大为整个物种的普遍缺陷。生物转基因技术可能对生物多样性带来新的安全隐患。

⑥ 转基因生物与生物多样性。植物转基因技术是指把从动物、植物或微生物中分离出来的目的基因,通过各种方法转移到某种植物的基因组中,使之稳定遗传,成为具有抗虫、抗病、抗逆、高产、优质等新性状的转基因植物。同理转基因动物是指以实验方法导入外源基因,在染色体组内稳定整合并能遗传给后代的一类动物。随着现代生物技术的迅速发展,生物转基因技术正方兴未艾。由于转基因生物体系打破了自然繁殖中的种间隔离,使基因能在种系关系很远的机体间流动,它将对整个生命科学产生全局性影响。

转基因技术无疑属于现代生物技术新成就,运用于农业能带来巨大的利益,尤其在一些气候恶劣、病虫频发的地域,转基因作物显现出传统作物所难以企及的优势,从而获得了广泛的应用,其市场化推进速度惊人。大量转基因植物食品如转基因大豆、转基因玉米、转基因西红柿等,已来到人们身边,转基因动物食品也正向我们走来。至今,全世界已有 51 种转基因植(作)物被批准投入商品化生产。由于转基因作物能更好地防治病虫害,抵御干旱,提高产量,营养成分高,因此发展前景十分广阔。

但是转基因生物可能对生物多样性、生态环境和人体健康产生多方面的负面影响,目前国际社会关注的主要有几方面:一是转基因生物影响非目标生物。抗虫抗病类转基因植物除对害虫和病菌致毒外,对环境中许多非目标有益生物也将产生直接或间接的影响和危害。二是增加目标害虫的抗性。研究表明,第3、4代害虫对转基因抗虫作物即产生了抗性。因此,大规模种植转基因抗虫作物,可能需喷洒更多的农药,对农田和生态环境造成更大的危害。目标害虫还可能转而危害其他作物。三是杂草化。转基因作物通过传粉进行基因转移,可能将一些抗虫、抗病、抗除草剂或对环境胁迫具有耐性的基因转移给野生近缘种或杂草。杂草一旦获得转基因生物的抗逆性状,将会变成更难以对付的"超级杂草",从而严重威胁作物。四是威胁生物多样性和生态环境。转基因技术可使动物、植物、微生物甚至人类的基因相互转移,转基因生物突破了生物传统的界、门、纲的类别界线,表现出普通物种不具备的另类优势,会改变物种间的竞争关系,破坏原有的生态平衡,导致生物多样性的丧失;它还会通过基因漂移污染整个种质资源基因库,毁坏野生和野生近缘种的遗传多样性。此外,种植耐除草剂转基因作物,必将大幅度提高除草剂的使用量,从而加重环境污染。五是影响人体健康。转基因活生物体及其产品作为食品进入人体,可能对人体产生某些毒理作用和过敏反应。人们担心转入了其他基因的作物含有对人体不利的成分,如生长激素类基因可能严重影响人体生长发育,抗生素标记基因可能致人体对抗生素产生抗性。由于人体内生化生理的复杂性,有些影响还需要长时间才能显现和监测出来。

1997年有人在玉米原产地——墨西哥山区的野生玉米植株内检测到转基因成分,而转基因玉米的栽培地却在远离该地几百千米的美国境内。人们由此觉得转基因生物的负面生态影响必须得到重视。

(3)内在因素与生物多样性:除了上述外界因素之外,物种本身一些不利的遗传特点,也往往促成了灭绝的发生。如某些物种(大型猛兽、猛禽等)处于食物链的高级位,其基础营养级的变动都会影响到它们;又如有一些物种分布的范围十分有限;某些种散布和定居的能力很弱,或某些种对环境有特殊的要求等,这些生态脆弱类群特别容易受危甚至灭绝。

(4)中国生物多样性受危原因:以上有关全球生物多样性受危原因的归纳,对分析中国的情况也是适用的,有关中国生物多样性受危的主要原因做如下补充。

① 人口问题。中国虽地域辽阔,但是人口众多,耕地少。中国以占世界7%的耕地维持供养占世界22%的人口。处于经济腾飞时期的中国,虽成功地控制了人口的增长,1990～2000年人口年均增长率比80年代末下降了0.4%,但中国人口总数截至2012年末已达13.54亿,业已存在庞大的人口基数,加之不断增长的经济发展速度,使得中国对自然资源的需求及由此产生的环境压力不断增大,中国的人口对生物多样性的影响是巨大的,是造成生境破坏的主要原因之一。

② 生境破坏。中国人口的增长和经济的迅猛发展对资源需求产生的压力日益加大,导致了对自然资源的过度利用:森林超量砍伐,草原开垦、过度放牧,不合理的围湖造田、湿地开垦,过度利用土地和水资源等,致使许多地区生物生存环境破坏甚至消失,影响到生物物种的生存,有相当数量的物种已经灭绝、濒危。此外,兴修大型水利工程造成江湖阻隔,破坏了水生生物栖息的生境,阻塞某些鱼类的洄游通道,致使大量物种濒危。由于人为活动造成的生境破坏,使很多土壤生物、微生物、水生生物等在尚不为人所知的情况下就已经消失了。

③ 环境污染。环境问题是社会经济发展与环境关系不协调所引起。一方面工农业生产和生活向环境排放过量污染物质(或物理因素,如噪声、热、光、放射性等)造成环境污染;一方面由于不合理地开发利用资源,破坏自然生态,而产生不利或有害的生态效应。现今中国面临的突出环境问题主要有三类:一是全球性的大气环境变化,如全球变暖、臭氧层耗竭和大范围的酸雨污染等,导致整体生存环境恶化。二是大面积的生态破坏,导致淡水资源的枯竭及污染、生物多样性锐减、土地退化及荒漠化以及森林减少等。三是突发性的严重污染事件,如大宗化学品的污染及有害物质越境转移污染等。

大量废水、废气、固体废物的排放,以及长期滞留的农药残毒,使许多水生和陆生生物及生态系统类型因生境恶化而濒危。据统计,全国遭受不同程度污染的农田面积占农田总面积的30%;中国监测的1 200条河流中,70%受到程度不同的污染;全国七大水系中,有一半河段受到有机污染,其中许多江段鱼虾绝迹;海洋特别是近海滩涂污染也是物种减少的主要因素。

目前,对中国森林及其生物多样性危害最为严重的是大气污染,主要是酸雨危害。酸雨造成土壤微生物总量减少,引起土壤酸化、地力衰退、林木生长衰弱以及抗御病虫害等自然灾害的能力减弱。

④ 其他原因。新建城市、水坝和水库的建设,新矿区的开发,地震、旱灾、水灾、火灾、沙尘暴、暴风雪等自然灾害,外来有害生物入侵以及战乱等等,都是造成生物多样性受威胁或灭绝的原因。法制不健全,或者执法不严,各保护部门缺乏有力的协调与配合以及管理工作中的疏漏和失误等,是造成生物多样性受威胁的另一原因。

十三、生物多样性保护

全球生物多样性保护及其组织

由于生物多样性是人类生活的一种环境和赖以生存的物质基础,更由于生物多样性及其资源正遭到日益严重的破坏,使人类生存与发展受到威胁。如上所述,目前人类正面临恐龙灭绝时代以来又一场生物多样性大灭绝的灾难,这一进程如不加以遏制,它将逐渐瓦解地球上的生命支持系统,这可能是有史以来人类社会所面临的最大挑战。因此,生物多样性保护已引起国际社会的广泛关注,并成为全球性行动,旨在保护生物多样性及其资源的各种国际的、地区性的"组织机构""公约""条约""研究规划""行动计划和大纲"等相继问世。

目前,国际上有关生物多样性保护组织主要有3个:① 1973年1月成立的联合国环境规划署(UNEP),其职能包括全球生物多样性保护。② 1948年10月成立的国际自然和自然资源保护同盟(IUCN),是国际性民间组织,其主要活动包括濒危物种保护等内容。③ 1961年成立的世界野生生物基金会(WWF),是致力于保护野生生物的国际性基金会,已资助130多个国家进行2 000多个保护野生生物的项目。

世界生物多样性保护计划和大纲

(1) 人与生物圈计划:1970年联合国教科文组织(UNESCO)主持成立了"人与生物圈计划"(MAB),1971年开始执行,目前已有100多个国家政府加入该计划。中国于1979年参加MAB,并且是理事国之一。MAB是一个国际性、政府间多学科的综合研究计划。它的主要任务是研究在人类活动的影响下,地球上不同区域各类生态系统的结构、功能及其发展趋势,预报生物圈及其资源的变化和这些变化对人类本身的影响,目的在于研究人类今天的行为对未来世界的影响,为改善全球性人类与环境的相互关系提供科学依据,确保在人口不断增长的情况下合理管理与利用环境和资源,保证人类社会持续协调发展。

(2)世界自然资源保护大纲:受联合国环境规划署委托,由国际自然与自然资源保护同盟起草,经联合国粮农组织、联合国科技组织、联合国环境规划署、世界野生生物基金会审定,《世界自然资源保护大纲》(World Conservation Strategy ,简称 WCS)于 1980 年 3 月 5 日在全世界 100 多个国家的首都同时公布。这个大纲既是知识性纲领,又是保护自然的行动指南。它的主要内容提出了保护生物资源的目标,包括保持基本的生态过程和生命维持系统、保存遗传的多样性、保证物种和生态系统的永续利用,建议各国采取行动,以求开发与保护紧密结合,要求通力合作,有效保护生物资源。

(3)生物多样性科学国际计划:“生物多样性协作计划”由国际生物科学联合会(IUBS)、环境问题科学委员会(SCOPE)和联合国教科文组织于 1990～1991 年发起,其主要目的是增进对生物多样性在物种、群落、生态系统和景观层次上之功能的认识,以便为加强管理打下科学基础。1996 年,国际科联理事会(ICSU)、国际地圈、生物圈计划/全球变化与陆地生态系统(IGBP/GCTE)、微生物协会国际联合会(IUMS)加入了该计划,并将计划改名为生物多样性科学国际计划(DIVERSITAS),计划内容两部分:主计划针对生物多样性的起源、保持与丧失,生物多样性的生态系统功能,生物多样性的清查、分类和相互关系,生物多样性的评估与监测、保护、恢复和持续利用;跨学科计划包括生物多样性的人文方面,土壤和沉积物的多样性,海洋生物多样性,微生物多样性等。

(4)生物多样性计划与实施战略:联合国环境规划署于 1991 年发起制订的“生物多样性计划与实施战略”(BDPS),这是对全球生物多样性保护的一次前所未有的规模庞大的行动计划,它将对保护和抢救濒危物种、生态系统以及生物资源的可持续利用发挥巨大作用,因而受到世界各国的积极响应。中国已于1994年完成"行动计划",1997年完成"国情研究报告"。

国际保护生物多样性公约和条约

（1）濒危野生动植物物种国际贸易公约:该公约旨在国际贸易中采取许可证制度,以保护有灭绝危险的野生动植物。1975年7月1日该公约生效,中国于1981年加入这一公约。

（2）保护世界文化和自然遗产公约:该公约1975年12月17日生效。中国于1985年11月22日加入该公约,至2013年6月,中国共有45个项目被联合国教科文组织列入《世界遗产名录》,其中,世界文化遗产28处,世界自然遗产10处,世界文化和自然遗产4处,世界文化景观遗产3处。源远流长的历史使中国继承了一份十分宝贵的世界文化和自然遗产,它们是人类的共同瑰宝。包括明清皇陵、天坛、颐和园、孔庙、周口店遗址、故宫、长城、高句丽壁画墓、沈阳故宫、云冈石窟等闻名世界的文化遗产。

（3）关于特别是作为水禽栖息地的国际重要湿地公约:简称"拉姆萨"公约。该公约1975年12月21日生效,至2002年已有134个缔约国。中国于1992年加入,并有41个湿地保护区列入国际重要湿地名录,如黑龙江扎龙、吉林向海、海南东寨港、青海鸟岛等。

（4）保护迁徙野生动物物种公约:简称"CMS"。该公约旨在采取国际合作保护迁徙的物种,1979年6月签订于波恩,1983年11月1日生效。缔约各方承认种类繁多的野生动物是地球自然系统中无可代替的一部分,为了全人类的利益,必须加以保护。已有50多个国家加入。

（5）生物多样性公约:该公约于1992年6月在联合国环境与发展大会上,由包括中国在内的153个国家的元首或政府共同签署,目前已有175个国家签署了这一公约。《公约》是第一份全球保护和可持续利用生物多样性协定,目的为了人类当代和后代的利益,以及为了生物多样性的固有价值,尽最大可能保护生物多样性,使其得到可持续利用以及公平合理分享由利用遗传资源而产生的利益。《公约》的主要内容包括:野生和家养种的就地和迁地保护,加强研究、教育、培训,生物多样性的调查和编目,遗传资源和有关技术的分享,生物技术安全的管理,尊重传统和乡土知识以及寻求新的财政来源等。

建立自然保护区

自然保护区是国家把森林、草原、水域、湿地或荒漠各种生态系统类型及自然历史遗迹等划出一定的面积,设置管理机构,进行自然资源保护和科学研究工作的重要基地。自然保护区是各类型生态系统及动植物物种的天然贮存库,是保护生物多样性的重要而有效的措施之一。自然保护区对于保护自然环境、自然资源和维护生态平衡具有重要意义,对经济建设和未来社会的发展具有深远的战略意义。因此,建设自然保护区是国际社会共同的事业。

通常自然保护区依据不同的保护对象划分不同类型,广义的保护区包括典型自然保护区、国家公园、风景名胜区、地质遗迹等。

1872年,美国首建世界上第一个国家公园——黄石公园。自1972年联合国在瑞典斯德哥尔摩召开第一次人类环境会议,讨论并签订了自然保护公约以来,自然保护区和国家公园已成为世界各国保存自然生态和使野生动植物物种免于灭绝并得以繁衍的主要手段和途径。目前世界各国自然保护区的面积平均已达陆地面积的7%,一些发达国家自然保护区的面积超过国土面积的12%。此外,世界各国还建立了不少动物园、植物园,对物种进行迁地保护。各国还建立了一些种子库、基因库,对物种和基因实施离体保护。

濒危物种通过建立自然保护区得到挽救的例子越来越多,这里举美洲野牛为例。在广袤无垠的北美大平原上,自古繁衍着难以计数的美洲野牛,一直是当地土著人赖以生存的捕猎对象,在印地安游牧部族使用矛和箭徒步捕猎时,野牛被杀数目远不及大自然中的天敌和严酷气候致死的数字,据18世纪的估计,仍有草原野牛约6 000万头。自19世纪以来,贪婪残暴的人们开始有组织地追猎野牛,火药枪发挥了巨大的作用,甚至专门修筑铁路通往野牛群栖息地以杀牛取乐。到1893年,美洲野牛被杀得只剩1 000头左右,接近灭绝的牛群这才引起各界的关注,美国一些著名的动物学家发起组织"美洲野牛保护协会",得到了广泛支持,美国总统担任了这个协会的名誉会长。他们大力反对狩猎,并收集野外幸存的野牛,集中保护在黄石国家公园和一些自然保护区中,经过十年数量就增长了 27 倍。这时加拿大也参加了挽救野牛的工作,埃尔克岛国家公园最初就是为了保护这种动物而建立的。这种野牛群从此才又再度扩大起来,后来在加拿大已经发展到十多万头。无论是美国还是加拿大,美洲野牛早已不是濒危物种了。

应对全球气候变化,减少生物多样性丧失

全球变暖已经成为不可逆的事实,紧接下来的 10 年、20 年或更长的时间,人们将逐渐地越来越明显地体会到全球变暖的影响。因此,需要制定长期规划和其他策略,以尽量减少全球变暖对生物多样性和人类自身的冲击。全球变暖这个十分紧迫而涉及范围又十分广泛的问题,需要各国政府、有关机构、行业、社团和个人共同努力来应对。例如制定各种有效措施减少温室气体排放量;再如扩大或改建已有的自然保护区体系,以适应物种分布范围和迁移路线随气候的变化,维护应有的物种保护功效。应对因气候变化需新建保护区时,在保护区体系规划和设计中,对诸如位置选择、保护区面积、区域划分及景观"走廊"的建立等,需全面考虑气候变化可能带来的影响。

应用现代科学技术保护生物多样性

现代科学技术对于改善自然生态环境和保护生物多样性具有十分重要的意义。科学技术可以使生物资源充分发挥潜力,使同样数量的生物资源发挥出更大的效益,使其他资源转变为生物资源的替代物,并能有效地治理污染和拯救物种的生存。生物多样性保护的成败与科学技术的发展水平密切相关,并取决于人类利用科学技术的目的和方式。

利用现代生物技术可有效地保护和丰富遗传多样性。基因工程是当今世界的一项高新技术,通过基因分离、重组可以克服种间有性杂交的遗传不亲和性障碍,创造新的农作物品种;利用生物防治技术,可有效地防治农作物病虫害,并避免高毒农药的污染和对有益生物的伤害,维持农田生态系统生物多样性;新能源技术如太阳能、核能、氢能等清洁能源技术的开发应用,有利于对森林资源的保护,减轻对生物多样性的压力;新材料、新工艺的开

发,替代了大量生物制品。水泥、塑料、金属材料、化纤、人造革等新技术产品极大地减少了人类对生物资源的开发;现代交通工具促进了生物多样性保护,如植树种草使用飞机播种;计算机数据库和互联网技术极大地方便了人类对生物多样性的管理和交流,建立生物多样性保护网络,实现全球或区域性监测;遥感技术应用于森林生态监测,并取得显著成效;人工授精和胚胎转移等技术可成功繁殖珍稀濒危动物和植物;超低温技术的采用使一大批遗传材料得以离体保存,现代化设施的基因库,以超低温条件保存植物种子、花粉和动物精子、胚胎及组织培养物。

进行生物多样性保护的基础理论和技术研究,生物多样性现状、发展趋势及物种濒危原因的查明,探讨与生物多样性有关的生态学过程,研究和推广保护技术,发展形成新学科"保护生物学""濒危物种生殖生物学""濒危物种群体遗传学"等,都是和最新科学技术的应用分不开的。生物物种和生态系统所受的威胁主要源于人类的管理不当,受错误经济政策的引导和不完善制度的激励,因此,资源管理要科学化,科学决策水平需要提高,应尽可能将现代高新科学技术应用到生物资源的管理规划中,加强对环境和资源的管理;利用广播、电视、报纸等媒体进行宣传,提高民众科技知识水平。

关注生物安全

目前,生物安全的概念有狭义和广义之分。狭义生物安全是指防范由现代生物技术的开发和应用(主要指转基因技术)所产生的负面影响,即对生物多样性、生态环境及人体健康可能构成的危险或潜在风险。广义的生物安全不仅涵盖狭义生物安全的概念,而且包括更广泛的内容,大致三方面:① 人类的健康安全;② 人类赖以生存的农业生物安全;③ 与人类生存有关的环境安全。因此,广义生物安全涉及多个学科和领域:预防医学、环境保护、植物保护、野生动物保护、生态、农药、林业等。由此管理工作分属不同的行政管理部门。

一些发达国家,如澳大利亚、新西兰、英国等,在实际管理中已经应用了生物安全的广义内涵,并且将检疫作为保障国家生物安全的重要组成部分。国内对生物安全的认识尚待普及和加强。

美国国立卫生研究院(NIH)制定了世界上第一部专门针对生物安全的规范性文件,即《NIH 实验室操作规则》。《规则》中第一次提到生物安全(biosafety)的概念,此处的生物安全是指"为了使病原微生物在实验室受到安全控制而采取的一系列措施"。为防范和控制转基因生物可能产生的各种风险,保护全球的生物多样性和人类健康,联合国环境规划署和《生物多样性公约》秘书处从 1994 年开始组织制定"生物安全议定书",共组织了 10 轮工作组会议和政府间谈判。中国政府对此十分重视,国家环保总局牵头编制的《中国国家生物安全框架》,制定了中国生物安全管理体制、法规建设和能力建设方案,受到联合国有关部门的高度评价。经过长达 3 年半正式谈判,《卡塔赫纳生物安全议定书》2000 年 1 月在蒙特利尔通过,2000 年 8 月中国政府正式签约。《卡塔赫纳生物安全议定书》是一项关于转基因产品国际贸易和环境保护的国际协定,它允许议定书批准国家以预防为由禁止进口转基因产品,同时也要求这些国家互相通报本国出口到对方国家的转基因产品的情况。

在 2002 年 5 月 22 日的联合国大会上,"生物多样性与外来入侵物种管理"被确定为新世纪第一个"国际生物多样性日"的主题。这表明人类已开始广泛关注外来入侵物种及其对生物物种多样性的影响。目前外来生物入侵也是生物安全研究的一个主要领域。

人类与自然的关系经历了和谐、不和谐和对抗等不同发展阶段后,正在寻求与自然界新的和谐。人与自然的和谐并不是简单地回归自然,它涉及人类在自然界的重新定位和思维方式的转变。可以肯定,当人类对自然认识更接近于客观真实的自然,人类更加热爱自然,对自然的未来及发展更有预见性,人与自然新的和谐行动就更具目标性和自觉性。生物多样性是人类与自然和谐的基础,保全各种各样的生物种类,就是保护我们人类自己,人类的未来与生物的多样性密切相关。

中国生物多样性保护

中国既是一个生物多样性丰富的国家,又是生物多样性受到严重威胁的国家之一,生物多样性保护关系到中国的生存与发展。中国是世界上人口最多而人均资源占有量低的农业大国,50％以上的人口在农村,对生物多样性具有很强的依赖性,近年来经济的持续高速发展,在很大程度上加剧了人口对环境特别是生物多样性的压力,如果不立即采取有效措施遏制这种恶化的态势,中国的可持续发展是不可能实现的。因此,保护生物多样性是摆在政府和全民面前的紧迫任务。

（1）保护法规和政策:生物多样性保护作为一项紧迫的战略任务,已受到国家的重视,制定、颁布了一系列有利于保护和持续利用生物多样性行之有效的方针、政策和措施。1986年底国务院环境保护委员会批准并转发全国的《中国自然保护纲要》,是一部以政府名义公布的全国性的自然保护战略文件。《纲要》中有专门的生物多样性保护内容,包含物种保护、自然保护区、森林、草原、荒漠、海洋、湿地等生态系统的保护等。近20多年来中国颁布的有关保护法规主要有《海洋环境保护法》《森林法》《草原法》《渔业法》《野生动物保护法》《环境保护法》及《野生动物抢救管理规定》《陆生野生动物保护实施条例》等。各级地方政府为了切实保护本地区的生物资源,根据国家的有关法律,结合本地区实际情况,陆续制定颁布了一些地方法规。

（2）确定国家优先保护关键地区:为保护珍贵的生物资源,加大生物多样性保护力度,在保护力量有限的情况下,生物多样性关键地区应该优先得到保护。"十一五"期间国家环保总局提出生物物种资源保护和利用的10项优先行动和55个优先项目,确定优先保护的17个具有全球性保护意义的生物多样性关键地区,并决定对这些关键地区采取特殊措施、进行优先保护。

中国优先保护的17个生物多样性关键地区是:横断山南段;岷山—横断山北段;新疆、青海、西藏交界高原山地;滇南西双版纳地区;湘、黔、川、鄂边境山地;海南岛中南部山地;桂西南石灰岩地区;浙、闽、赣交界山地;秦岭山地;伊犁—西段天山山地;长白山山地;沿海滩涂湿地,包括辽河口海域、黄河三角洲滨海地区、盐城沿海、上海崇明岛东滩;东北松嫩—三江平原;长江下游湖区;闽江口外—南澳岛海区;渤海海峡及海区;舟山—南鹿岛海区。

针对生物多样性关键地区的保护措施包括:建立自然保护区;事先对建设项目进行生物多样性和环境影响评估制度,禁止建设污染项目;加强对这些地区生物多样性的科学研究和监测评估;有选择地建设一批不同类型的国家级生物多样性保护示范基地。

（3）生态系统多样性保护：中国自然保护区主要包括自然生态系统、野生生物和自然遗迹三个类别，其中生态系统类自然保护区可分为5种类型，即森林生态系统、草原与草甸生态系统、荒漠生态系统、内陆湿地与水域生态系统、海洋与海岸生态系统。2010年，全国共建立国家级自然保护区323处，初步形成了类型比较齐全、布局比较合理的全国自然保护区网络。长白山、卧龙、神农架等26处自然保护区已纳入"国际生物圈保护网络"；扎龙、向海等30处湿地列入"国际重要湿地名录"，得到较好的保护。为促进保护区生物多样性的恢复与重建，保护生态系统的完整，采取人工干预措施恢复植被，不断丰富保护区内的生物种类；建立生态定位监测站，对保护区内的野生动植物种类和生态系统全面监测，以期有效地保护着一大批具有重要科学、经济、文化价值的生态系统。

（4）物种多样性保护：

① 物种就地保护。自然保护区是就地保护的最有效措施。中国野生生物类自然保护区的建立始于20世纪60年代，至2001年底，全国共建立各级各类野生生物（包括野生动物和野生植物类）自然保护区数百处。国家公布的"重点保护野生动物名录"和"重点保护野生植物名录"中的大多数种已得到就地保护。陆生野生动物资源调查和重点保护野生植物资源调查结果表明，部分野生生物种群数量稳中有升，栖息环境逐渐改善，扬子鳄、朱鹮、海南坡鹿等珍稀濒危野生动物种群成倍增加，大熊猫数量增加了40%；被调查的189种国家重点保护野生植物中，野外种群达到稳定存活标准的占71%。一些物种的分布区逐步扩展，黑嘴鸥、黑脸琵鹭、褐马鸡等物种的新记录、新繁殖地或越冬地不断被发现；野外大熊猫分布县比上次调查时增加了11个，达到45个，大熊猫栖息地面积增加了65.6%；100多年未见踪迹、已被国际自然保护联盟宣布为世界极危物种崖柏在重庆大巴山区被重新发现，笔桐树、白豆杉、观光木等物种也发现了新分布区。

② 物种迁地保护。根据物种拯救的迫切需要，中国选择了大熊猫、虎、金丝猴、兰科植物、苏铁等15大物种纳入国家工程予以拯救。各地也确定了重点拯救的上百个物种，积极强化保护。全国建立各种珍稀濒危动物繁育和繁殖中心，并建立了大熊猫、朱鹮、海南坡鹿、扬子鳄、麋鹿、高鼻羚羊、野

马、白暨豚、东北虎等珍稀动物驯养中心和珍贵动物救护中心。全国新建或扩建植物园 140 多处,动物园和野生动物园 200 多处,野生动物人工繁殖场 230 多处。这些机构目前已对驯养动物进行了少量野化回归试验。到 2005 年,全国建立野生动物拯救繁育基地 250 多处,野生植物种质资源保育或基因保存中心 400 多处,使 200 多种珍稀濒危野生动物、上千种野生植物建立了稳定的人工种群,朱鹮、扬子鳄、野马等相当一批物种已成功回归大自然。

③ 遗传多样性保护。在过去的十多年中,中国建立了微生物菌种保存库、野生动物细胞库、药用植物种质保存库、大型作物种质资源长期保存库、各种作物种质资源中期保存库、果树资源保存圃、多年生作物种质资源圃、淡水鱼类种质资源综合库、鱼类冷冻精液库、试验性牛和羊精液库与胚胎库等一批现代化遗传资源保存设施。在就地保护方面,在新疆伊犁地区已建有保护果树野生亲缘种的新疆巩留野核桃和塔城巴旦杏自然保护区,保护野生花卉种质资源的湖北保康腊梅、广西金花茶和黑龙江老山头荷花自然保护区,保护鱼类种质资源的江西鄱阳湖鲤、鲫鱼产卵场自然保护区等。此外,在各种畜产区,先后建立了近 2 000 处马、牛、羊、猪、兔、禽等的品种选育场和繁殖场及少数保护区。

④ 多途径保护生物多样性。野生生物资源可持续利用,包括:

第一,野生动植物人工养殖和栽培。发展野生动物养殖业和野生植物种植业,是保护和合理利用生物资源的一条重要途径。国家实行扶持饲养野生动物的政策,使野生动物饲养业得到迅速发展。海洋动物养殖业,尤其海珍品人工养殖方面也取得了重大成就。在野生植物栽培方面,已成功栽种 60 多种草药,基本满足药材市场的需求。此外,珊瑚礁和红树林的人工移植和栽培也取得成功。这些为市场提供了大量毛皮、药材等产品,从而缓解了对野生生物资源的开发需求,促进了资源的可持续利用。

第二,生态旅游开发。上世纪 80 年代以来,许多自然保护区陆续开展了生态旅游活动,90 年代这种开发愈加普遍,至今有 75% 以上的自然保护区在其实验区或缓冲区不同程度地开展了旅游活动,全国森林公园共接待国内外游客数千万。

第三,渔业可持续发展。为保护鱼类的产卵亲鱼和索饵幼鱼,农业水产部门采取措施,划定禁渔区、禁渔期,实行休渔制度和渔业许可证制度。水产部门在保护渔业资源的同时,大力开展海洋、河流和淡水湖泊水产资源的人工增殖和自然增殖。

第四,加强生态建设。为了恢复和重建破坏和退化的生态系统,中国政府采取一系列措施,投资重大生态建设项目,尤其是植树造林项目。如"三北"防护林工程、长江中上游防护林工程、沿海防护林体系工程、太行山绿化工程、平原绿化工程、国家速生丰产用材造林项目等。2000～2002年,国家先后又正式启动了天然林资源保护工程、退耕还林工程、京津风沙源治理工程、"三北"和长江中下游地区重点防护林建设工程、野生动物保护及自然保护区建设工程、重点地区速生丰产用材林基地建设六大工程。自启动实施以来,工程区生态状况得到明显改善,水土流失得到初步治理,新建和扩建了一批自然保护区。

生物多样性保护的科学研究

与生物多样性保护有关的科学研究归纳为以下三方面内容:

(1)生物资源调查和编目:上世纪50年代以来,有关部门和科研机构组织了多次区域性生物资源的大规模综合考察,出版了众多有关生物资源本底调查的专著,同时还采集制作了大量的标本。近十多年来,随着自然保护事业的发展,以自然保护区规划为主要目标的考察不断增加。珍稀濒危动植物的调查和考察也普遍开展。这些工作对摸清我国珍稀濒危物种的现状、分布及制定保护方案等具有十分重要的意义.

在生态系统编目方面,上世纪60～70年代,曾进行大规模的全国植被及各类自然生态系统的调查,1980年《中国植被》出版,并从1979年起,陆续出版了《中国自然地理》《中国湖泊资源》《中国沼泽》《中国的河流》《中国的草原》和《中国的森林》,1999年出版了《中国湿地植被》。有10多个省(区)编辑出版了地方植被志。

在物种编目方面,中国科学院等单位自60年代开始陆续整理出版各类志书,至今动物志完成150卷(册),植物志完成全部80卷126册,孢子植物志完成1卷。全国还编辑了种类繁多的资源志,有20多个省(区)编辑出版了地方植物志。1984年国务院环委会公布了《国家重点植物保护名录》。

1991 年出版了《中国植物红皮书》(中、英文)(第一册),《中国濒危动物红皮书(两栖类和爬行类、兽类)》也已出版。

在遗传资源编目方面,全国完成 33 万份作物品种资源的入库,收集到牧草种质 2 799 份,畜禽资源确认品种和类型 590 多个。已编辑出版了水稻、大豆、小麦、大麦、棉花、油菜、谷子、高粱、红麻等作物的品种志或品种资源目录,并完成了牛、羊、猪、马、驴等家畜的品种志和家禽品种志,还出版了一批花卉品种资源志书。各省、市、自治区也编辑出版了一批地方作物、家畜家禽和花卉品种资源志。

(2) 保护技术和理论的研究:

保护生物学基础理论研究方面:几十年来,中国在生态学、分类学、遗传学等基础理论研究方面做了大量工作,取得了可观的研究成果。1992 年中国科学院成立了生物多样性委员会,加强了生物多样性的研究工作,完成了生物多样性保护及持续利用的生物学基础研究、中国生物多样性保护生态学的基础研究、中国主要濒危植物的保护生物学研究等重大项目。林业部等部门 1995 年也完成了生物多样性保护技术的前期研究等科技攻关项目。

物种人工繁育技术研究方面:国家有关部门投入了大量人力、物力于生物多样性保护技术和利用技术的研究与推广。北京动物园自 1978 年采用人工授精方法繁殖成功大熊猫后,目前中国大熊猫的繁殖技术研究已达到 DNA 分子水平,并建立了大熊猫种群谱系。此外,朱鹮、金丝猴、黑叶猴、丹顶鹤、扬子鳄、东北虎、野马、海南坡鹿等 60 多种珍稀濒危动物的人工繁育研究获得成功。在珍稀濒危植物引种繁育方面,也成功地繁育了珙桐、桫椤、金花茶、银杉、台湾杉、天目铁木、百山祖冷杉、普陀鹅耳枥等 100 多种珍稀濒危植物,有些种类已拥有较大的人工种群,并得到扩大种植和利用。利用低温保存动植物的种子、花粉、精子、胚胎、细胞等,是目前国际上常用的遗传资源保存技术,在中国已较多地得到应用。

监测与信息系统研究方面:中国科学院已在全国建立了 60 多个生态定位研究站,数十年来一直从事生态系统结构、功能、演替、物种消长等方面的研究。中国林业科学院建立了 10 多个森林生态系统定位站,并组织了全国森林生态系统研究网络。林业部门建立了国家级和地方级森林资源监测体系,还建立了湿地资源、野生动物资源监测中心。农业系统已在全国建立了

600 多个农业环境监测站和 20 多个渔业环境监测站。海洋系统在全国沿海布设了 60 多个海洋监测站,1984 年建立了全国海洋污染监测网。2000 年底,环保系统建有 2 268 个环境监测站,并建立了草原、干旱荒漠、热带雨林、湿地和海洋等类生态系统定位监测站。

生物多样性信息系统由中国科学院建立,包括 1 个总中心、5 个学科分部、25 个数据源点和 30 多个数据库。林业部建立了林业信息中心,农业部门建立了国内最大的作物品种资源数据库系统,国家环保局建立了全国自然保护区数据库,国家中医药管理局建立了中药材资源数据库,国家海洋局建成了海洋资料信息服务系统。此外,中国动物园协会建立了 25 种珍稀动物血统谱系信息系统。

中国非常重视生物多样性保护的国际合作,尤其改革开放以来,在自然保护、环境保护等方面开展了许多卓有成效的国际合作(多边合作、双边合作或民间合作),积极对全球生物多样性保护做出自己的贡献。此外,中国各级学会也不失时机地开展了多项有关的国际学术交流或科技合作,许多研究院所和高等院校与国外同类机构之间也建立了自然保护研究与信息交流方面的长期合作关系。

总的来讲,中国的生物多样性保护事业尚处于初级发展阶段,还面临着许多问题和困难,在实施生物多样性保护方面,任重而道远。需要注意解决的关键问题有:① 生物多样性保护的法规和法制需要得到健全、完善并加以严格执行。② 现有自然保护区建立速度较快,在管理、科研和开发方面不配套,保护系统亟待健全,管理工作有待加强,管理人员急需培训和提高,必须在宏观上对保护区进行科学规划,在管理方而引入新的机制,才能使自然保护区对生物多样性的保护起到积极的作用。③ 参与生物多样性保护的各级政府机构之间的协调和合作需要进一步加强。④ 生物多样性保护的科学研究工作急需拓展、深入和改进。⑤ 生物多样性保护资金短缺问题需要得到解决。⑥ 公众对生物多样性保护的意识不强和支持不够的情况需要加以改善。

中国生物多样性保护行动计划

为了使生物多样性保护行动得以实施,中国政府于 1994 年 7 月公布了

《中华人民共和国生物多样性保护行动计划》。这项计划对于中华民族具有重要意义,也是中国政府履行联合国《生物多样性公约》国家方案的重要组成部分,它必将对世界生物多样性保护产生重大的积极影响。

(1) 行动计划的总目标:中国生物多样性保护的总目标是尽快采取有效措施以避免生物多样性进一步的破坏,并使这一严峻的现状得到减轻或扭转。生物多样性的有效保护,首先是通过对那些面临灭绝的珍稀濒危物种及其生态系统的绝对保护,第二是对数量较大可以开发的资源进行持续合理的利用。鉴于中国自然资源受威胁的严重性,中国生物多样性保护行动计划主要集中于通过以下途径实现这一目标:① 自然保护区、国家公园和其他保护地的就地保护。② 自然保护区、国家公园和其他保护地之外的就地保护。③ 对保护物种确定优先重点,并在动物园、植物园、水族馆、基因文库和繁育中心等迁地保护设施中加以保护。④ 建立一个全国性信息和监测网络,以监控生物多样性的现状。⑤ 将生物多样性问题纳入国家的总体经济计划。

(2) 行动方案和措施:针对生物多样性保护存在的主要问题和目标要求,行动方案和具体措施如下:

① 加强生物多样性保护的基础研究。内容包括生物多样性现状及经济价值的全面评估,阐明目前中国物种、生态系统和遗传多样性的现状及其受威胁的程度,提出重点保护的物种类群,关键地区和主要生态系统类型以及确保生物资源得以持续利用的方针和对策,为政府及各级管理部门制定有关保护的政策、法规提供科学依据和理论指导,也是制订生物多样性保护行动计划必不可少的基础。

② 完善国家自然保护区与其他保护地网络系统。全面审查自然保护区的分布和现状,评估国家自然保护区系统的代表性和有效性;采取措施加强现有的自然保护区的保护功能,在生物多样性迫切需要保护的地区建立新的自然保护区。

③ 优先保护有重要意义的野生物种。评估自然保护区内物种的现状,查明各种威胁因素;根据生物多样性的重要性和受威胁程度判别标准,确定优先重点保护的野生物种名录。依据野生动植物贸易状况及动植物迁地保护设施有效性调查,综合分析就地和迁地保护措施,制定各项物种保护规

划,改善物种保护的迁地管理。开展科学研究以支持实施对生物多样性有重要意义的野生物种的保护。

④ 保护栽培作物和家养畜禽的遗传资源。保护农作物、牧草、蔬菜、果树、林木的遗传资源,保护家畜、家禽、饲养鱼类及家养昆虫等的遗传资源。

⑤ 自然保护区以外的就地保护。将生物多样性保护纳入国家经济计划;采用有利于生物多样性保护的林业经营措施;推广生态农业措施。保护自然保护区以外的主要生境,禁止和严格控制开垦草地和湿地,保护海岸和海洋。

⑥ 建立全国范围的生物多样性信息网和监测网。建立统一的信息标准和监测技术,建立或改善部门的信息和监测网络;为全国生物多样性保护建立综合各部门网络的国家信息和监测系统。

⑦ 协调生物多样性保护和持续发展。建立生物多样性管护开发区;建立协调生物多样性保护和持续利用的地区性经济示范模式;建立示范性自然保护区。

保护生物多样性与每一个公民的生存、民族前途和子孙后代的未来紧密联系、休戚相关。保护生物多样性既是各级政府的法律责任,也是全社会的责任。仅靠各级政府的努力是远远不够的,更重要的要靠广大民众的共同参与。增强保护生物多样性的责任感和紧迫感,提高全民族生态意识和自然保护观念,乃是当务之急。

图书在版编目(CIP)数据

生态与生物多样性/林育真,赵彦修主编.—济南:
山东科学技术出版社,2013.10(2020.10重印)
(简明自然科学向导丛书)
ISBN 978-7-5331-7055-4

Ⅰ.①生… Ⅱ.①林… ②赵… Ⅲ.①生态—青年
读物 ②生态—少年读物 ③生物多样性—青年读物
④生物多样性—少年读物 Ⅳ.①Q14-49 ②Q16-49

中国版本图书馆 CIP 数据核字(2013)第 206204 号

简明自然科学向导丛书

生态与生物多样性

主编　林育真　赵彦修

出版者:**山东科学技术出版社**
　　地址:济南市玉函路 16 号
　　邮编:250002　电话:(0531)82098088
　　网址:www.lkj.com.cn
　　电子邮件:sdkj@sdpress.com.cn
发行者:**山东科学技术出版社**
　　地址:济南市玉函路 16 号
　　邮编:250002　电话:(0531)82098071
印刷者:**天津行知印刷有限公司**
　　地址:天津市宝坻区牛道口镇产业园区一号路 1 号
　　邮编:301800　电话:(022)22453180

开本:720mm×1000mm　1/16
印张:13.5
版次:2013 年 10 月第 1 版　2020 年 10 月第 2 次印刷

ISBN 978-7-5331-7055-4
定价:26.00 元